"十四五"普通高等教育本科部委级规划教材

U0162856

服装 CAD 应用教程
2D 制板与 3D 试衣

朱广舟
李晓志 编 著
刘 祥

FUZHUANG CAD YINGYONG JIAOCHENG
2D ZHIBAN YU 3D SHIYI

中国纺织出版社有限公司

内 容 提 要

随着数字化技术在服装行业的深入应用，服装 CAD 教学内容也从传统的制板、放码、排料向三维虚拟试衣方面延伸拓展。本教材聚焦服装 CAD 应用，将服装 2D 制板与 3D 试衣有机结合，以富怡服装 CAD V8.0 和 CLO 3D 5.1 为对象进行讲解。全书共分六章，即服装 CAD 概述，2D 制板软件界面与基础功能，3D 试衣软件界面与基础功能，服装 CAD 应用——基础篇，服装 CAD 应用——提高篇，服装 CAD 应用——拓展篇。通过对富怡服装 CAD 和 CLO 3D 软件基本功能的介绍，以基础应用、提高应用和拓展应用由浅入深地讲解服装 CAD 的案例，图文并茂，具有很强的实用性。

本教材是"十四五"普通高等教育本科部委级规划教材，既适用于高等院校服装专业的教学，也可作为相关从业人员的参考用书。

图书在版编目（CIP）数据

服装 CAD 应用教程：2D 制板与 3D 试衣 / 朱广舟，李晓志，刘祥编著 . -- 北京：中国纺织出版社有限公司，2023.7

"十四五"普通高等教育本科部委级规划教材

ISBN 978-7-5229-0297-5

Ⅰ . ①服… Ⅱ . ①朱… ②李… ③刘… Ⅲ . ①服装设计－计算机辅助设计－AutoCAD 软件－高等学校－教材 Ⅳ . ①TS941.26

中国国家版本馆 CIP 数据核字（2023）第 018204 号

责任编辑：李春奕　　责任校对：寇晨晨
责任印制：王艳丽

中国纺织出版社有限公司出版发行

地址：北京市朝阳区百子湾东里 A407 号楼　邮政编码：100124

销售电话：010—67004422　传真：010—87155801

http://www.c-textilep.com

中国纺织出版社天猫旗舰店

官方微博 http://weibo.com/2119887771

北京通天印刷有限责任公司印刷　各地新华书店经销

2023 年 7 月第 1 版第 1 次印刷

开本：787×1092　1/16　印张：13.5

字数：232 千字　定价：59.80 元

　　服装产业既是创造美好时尚生活的基础性消费品产业和民生产业，也是体现科技进步、文化发展和时代变迁的创新型产业，在提高人们生活水平、发展国民经济、促进社会文化发展等方面发挥着重要作用。

　　移动互联网时代的消费者对服装个性化和高品质的需求使得服装消费呈现出多元化和多层次的特点，加速推动服装行业数字化转型已成为行业共识。在迭代升级的新需求和快速发展的新技术合力推动下，服装 CAD/CAM、大数据、云计算、数字孪生等先进技术在服装行业得到了广泛应用。设计数字化、制造智能化和展示虚拟化等全要素数字化应用为服装行业的高质量发展全面赋能。

　　本教材聚焦服装 CAD 应用，通过将 2D 制板与 3D 试衣有机结合，基于缝合试衣方法将二维平面纸样在人体模型上进行三维虚拟缝合，直观、实时地呈现服装三维虚拟试衣效果。其中 2D 制板运用富怡服装 CAD 软件进行教学，3D 试衣运用 CLO 3D 软件进行教学。通过对富怡服装 CAD V8.0 和 CLO 3D 5.1 软件基本功能的讲解，以基础应用、提高应用和拓展应用为主线由浅入深地讲解服装 CAD 的案例，具有很强的实用性。本教材既适用于高等院校服装专业的教学，也可作为相关从业人员的参考用书。

　　本教材主要内容包括六章，由三所高校相关课程的任课教师参与编写。

第一章、第二章由天津工业大学李晓志编写；第三章由广东工业大学朱广舟、广东职业技术学院刘祥编写；第四章至第六章第一节由广东工业大学朱广舟编写；第六章第二节由广东职业技术学院刘祥编写；全书由朱广舟统稿。

　　本教材的出版得到了广东工业大学艺术与设计学院和中国纺织出版社有限公司的大力支持，在此深表感谢！同时，研究生张文雅同学承担了部分制图和文字校对工作，在此一并表示感谢！

　　限于编者的水平及能力，书中错漏和不妥之处在所难免，欢迎批评指正。

编著者

2023 年 1 月

目　录
CONTENTS

第一章　服装 CAD 概述

第一节　服装 CAD 应用现状 …………………………………… 002

第二节　服装 CAD 技术构成与发展趋势 ……………………… 005

第二章　2D 制板软件界面与基础功能

第一节　2D 制板软件安装与界面介绍 ………………………… 010

第二节　设计与放码系统（RP-DGS）的基础功能 …………… 012

第三章　3D 试衣软件界面与基础功能

第一节　3D 试衣软件安装与界面介绍 ………………………… 036

第二节　CLO 3D 之 2D 与 3D 视窗工具 ……………………… 039

第三节　CLO 3D 快速入门 ……………………………………… 051

第四章　服装 CAD 应用——基础篇

第一节　女装 CAD 应用 ………………………………………… 064

第二节　男装 CAD 应用 ………………………………………… 085

第五章　服装 CAD 应用——提高篇

第一节　育克褶裙 2D 制板与 3D 试衣 …………………… 112

第二节　高腰连衣裙 2D 制板与 3D 试衣 …………………… 122

第三节　女西装 2D 制板与 3D 试衣 …………………… 129

第四节　套装组合 3D 试衣 …………………… 139

第六章　服装 CAD 应用——拓展篇

第一节　民间传统服饰 CAD 应用 …………………… 148

第二节　时尚流行服饰 CAD 应用 …………………… 181

参考文献

附　录

服装 CAD 概述

第一节　服装 CAD 应用现状

第二节　服装 CAD 技术构成与发展趋势

第一节 》服装 CAD 应用现状

服装 CAD（Computer Aided Design）又名计算机辅助服装设计，是集计算机图形图像学、数据库、网络技术、服装技术等于一体的综合性技术，是利用计算机的软、硬件技术对服装产品、服装工艺，按照服装设计的基本要求，进行输入、设计及输出的一项专门技术。它将人和计算机有机地结合起来，最大限度地提高了服装企业的"快速反应"能力，在服装工业生产及其现代化进程中起到了不可替代的作用，主要体现在提高工作效率、缩短设计周期、降低技术难度、改善工作环境、减轻劳动强度、提高设计质量、降低生产成本、节省人力和场地、提高企业的现代化管理水平和对市场的快速反应能力等。

一、二维服装 CAD 发展与应用

服装 CAD 是 20 世纪 70 年代初在美国发展起来的。当时，亚洲地区的纺织服装产品冲击西方市场，西方国家的纺织服装工业为了摆脱危机，在计算机技术的快速发展下，加快了服装 CAD 技术的研制和开发。1972 年，第一套服装 CAD 系统 MARCON 在美国诞生。随后，美国格柏（Gerber）公司研制出一系列服装 CAD 产品，并推向国际市场，使服装 CAD 技术得以迅速推广。在此影响下，一些发达国家相继推出了自己的服装 CAD 系统，如法国力克（Lectra）、西班牙因维斯特（Investronic）、德国艾斯特（Assyst）、加拿大派特（Pad）、日本东丽（Toray）、美国匹吉姆（PGM）等。

我国服装 CAD 的研究开发工作始于国家"六五"规划时期，并列入"七五"国家"星火计划"。20 世纪 80 年代中期，在引进国外服装 CAD 系统的基础上进行服装 CAD 国产化的研制开发，虽然起步晚，但是随着我国综合国力的增强，服装 CAD 技术发展十分迅速，到目前为止我国自主研发的服装 CAD 系统已经遍布纺织服装相关的各个行业。较为成熟的服装 CAD 系统有北京航天集团 710 所的 Arisa、杭州爱科科技有限公司的 Echo、北京日升天辰公司的 Nacpro、深圳盈瑞恒科技有限公司的 Richpeace、深圳布易科技有限公司的 ET、深圳博克科技有限公司的 BOKE 等。

这些成熟的服装 CAD 软件均为二维服装 CAD 系统，一般包括开样系统（Pattern Design System）、放码系统（Grading System）和排料系统（Marking System），用于辅助服装设计人员完成服装的制板、放码、排料等一系列技术性工作，能够大大提高服装企业的工作效率和综合竞争能力。据不完全统计，目前我国服装行业的 CAD 应用普及率已达到 90% 以上。

随着计算机技术的发展，特别是遗传算法、蚂蚁算法等成熟的应用，超级排料系统成为很多服装 CAD 开发企业研究的重点，相继推出了多款超级排料系统，帮助服装企业解决排料利用率低的问题。随着智能制造、精益生产等管理思想和理念在服装产业的推广应用，模板技术也在很多现代化服装企业得以推广应用，由此也推动了模板服装 CAD 技术的快速发展。

二、三维服装 CAD 的发展与应用

（一）三维虚拟试衣技术

随着互联网技术大规模普及和网络购物的快速发展，以及消费者对服装的个性化、高质量的呼声越来越强烈，三维虚拟试衣已成为当前服装数字化领域的研究焦点和难点。其关键点在于如何快速、高效、真实地呈现服装三维着装效果。目前，针对该领域的研究主要集中于匹配试衣和缝合试衣两种方式。其中匹配试衣首先建立三维服装模型，利用特征匹配将服装"穿"在人体模型上；缝合试衣则首先完成裁片的虚拟模拟，再利用裁片间的定向组合关系将裁片"缝"在人体模型上，构建"裁片—缝合"虚拟系统。

1. 匹配试衣

该方法首先建立三维服装模型，利用特征匹配将服装"穿"在人体模型上。其技术方案如图 1-1-1 所示。

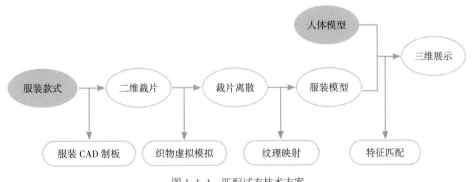

图 1-1-1　匹配试衣技术方案

匹配试衣利用物理建模方法构建三维服装模型，通过纹理映射、光照技术等实现三维服装真实感显示。利用服装与人体特征点、特征线的对应关系，通过特征匹配实现三维服装着装效果。

2. 缝合试衣

该方法通过将 2D 裁片在虚拟人体模型上进行缝合，实现 2D 裁片向 3D 服装转换，其技术方案如图 1-1-2 所示。

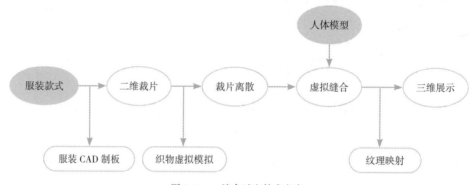

图 1-1-2　缝合试衣技术方案

利用服装 CAD 系统进行服装 2D 制板，建立服装板型库。系统根据人体模型尺寸调用合适的纸样，通过裁片离散、缝合信息设置等在人体模型上将 2D 裁片缝合成 3D 服装。通过施加重力等各种外力实现服装悬垂、褶皱效果。通过纹理映射技术，实现 3D 服装真实感显示。

（二）三维服装 CAD 技术

服装是以人为本的设计与生产过程，由于二维服装设计无法直观表达服装的三维形态，更无法满足人们对服装合体与个性化需求，三维服装 CAD 技术便应运而生。

三维服装 CAD 系统通过构建数字化三维人体模型，为设计人员提供一个三维服装交互设计环境，通过在人体模型上直接设计与动态展示服装，设计者或者用户可实时查看服装穿着效果。

目前应用比较成熟的三维服装 CAD 系统主要有韩国的 CLO 3D、新加坡的 V-Stitcher、日本的 LookStailor X 3D、德国的 Vidya、以色列的 Lotta 3D 和中国的 Style 3D 等。其中韩国的 CLO 3D（图 1-1-3）和中国的 Style 3D（图 1-1-4）是目前国内市场应用较广的两款三维服装 CAD 系统，基于缝合试衣技术，通过导入或自建 2D 服装样板，以模拟服装缝合加工的方式立体呈现服装三维效果。通过系统配置的各种资源素材，特别是模特库、面料库、辅料库的素材，可以比较逼真地呈现服装三维着装效果。通过动态视频录制和输出，可以呈现虚拟 T 台秀效果，符合当下数字经济的发展趋势，是数字技术在时尚行业发展应用的重要体现。

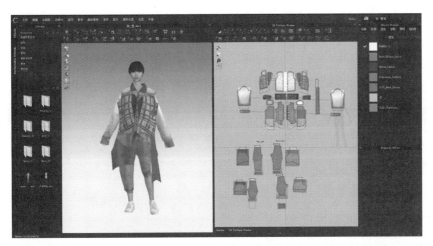

图 1-1-3 CLO 3D 软件界面

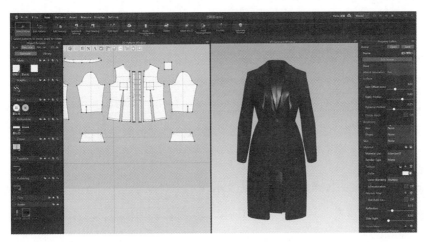

图 1-1-4 Style 3D 软件界面

第二节 〉 服装 CAD 技术构成与发展趋势

服装 CAD 技术自 20 世纪 70 年代诞生以来，伴随着计算机技术、信息技术、互联网技术的快速发展，在服装产业新的发展需求下，其技术要求和发展形势已发生翻天覆地的变化。

一、服装 CAD 的技术构成

计算机辅助设计（CAD）技术在经历曲面造型、实体造型、参数化技术、变量化技术、三维虚拟技术变革之后，服装 CAD 技术越来越接近用户的需求。服装产品是基于人体数据进行的服装设计与生产，服装 CAD 从二维到三维大大提高了服装产品的精度和生产效率，使预期与实际产品一致。从目前服装 CAD 系统可实现的功能来说，服装 CAD 技术主要包括三维人体测量技术、三维人体建模技术、三维服装纸样设计与模拟技术、三维动态虚拟服装展示技术等。

（一）三维人体测量技术

三维人体测量技术是以光学、计算机视觉、图形图像处理技术为基础的三维人体扫描仪，通过非接触式扫描人体后获取全身人体数据，用于构建数字化三维人体模型和人体体型分析等，是进行三维虚拟试衣和服装数字化设计等必不可少的环节。

（二）三维人体建模技术

三维人体建模技术是基于三维人体测量的数据通过曲面生成技术构建三维人体模型。在服装 CAD 系统中，通常采用参数化人体建模方法，使用者只需调整设定的参数，即可得到不同的数字化三维人体模型，大多数人体模型一般为曲面模型，通过三维空间坐标系、光照等达到更加真实的人体表现，用于三维服装设计和虚拟服装展示。

（三）三维服装纸样设计与模拟技术

三维服装纸样设计与模拟技术是基于构建的三维人体模型，由设计人员通过人机界面交互方式进行设计、修改服装轮廓图，或者将设计好的二维服装纸样通过文件接口导入系统进行三维缝合生成三维服装，并进行服装面料填充模拟。可以模拟服装的面料、色泽、不同动态下的褶皱等效果，以达到真实服装穿着效果的展示。在三维服装 CAD 中，三维服装与二维纸样之间的映射关系是服装纸样设计的重要环节，包括三维服装展开为二维纸样、二维纸样被缝合到三维人体模型上、三维服装与二维纸样之间的联动修改等，涉及"着衣算法""服装组合算法""几何展开算法"和"中心点法"等较复杂的模拟技术。

（四）三维动态虚拟服装展示技术

三维动态虚拟服装展示技术是通过计算机图形构成的三维空间或者把其他现实环境

编制到计算机中，产生逼真的"虚拟环境"，设计好的穿着服装的数字化人体模型在该环境下进行模拟运动，使设计者或者用户能够直观地查看人体在运动时面料的悬垂性、褶皱、光泽变化等质感以及设计的整体效果，同时也能观察到改变面料性能时所展示的不同外在效果。要实现对服装动态效果的真实模拟，需要对纺织材料的力学属性、悬垂性等进行建模。

二、服装 CAD 的发展趋势

随着科技的进步和人们生活水平的提高，集成化、网络化、智能化将成为服装 CAD 的发展趋势。

（一）集成化

目前，服装 CAD 涉及的相关技术是通过不同的软件实现的，软件之间虽然设置了转化接口，但是需要安装不同的软件，设计人员需要掌握不同软件的操作方法，如人体测量与参数化模型构建、二维纸样设计与三维服装设计等，开发具有人体测量、人体模型重构、纸样二维与三维设计、三维服装虚拟展示于一体的服装 CAD 系统将极大提高设计者的工作效率。

（二）网络化

大多数服装 CAD 系统为单机版，无法满足消费者对个性化产品的需求，将服装 CAD 系统部分接口网络化，在网络上建立充满个性的服装部件库、款式库、面料库，消费者可以根据个人喜好选择不同的面料、部件组合服装，输入相应的人体数据生成三维数字化着装效果，使消费者足不出户即可参与到个性化服装的设计中来，同时也能使设计人员及时了解消费者爱好。

（三）智能化

目前三维服装 CAD 操作起来还比较复杂，使用者需要经过反复的学习才能掌握其方法，如二维纸样的三维缝合技术，需要将各裁片之间进行对位，并调整好在空间中人体与裁片的位置，在该过程中如果直接将二维纸样模块化设计，将生成的纸样自动缝合在数字化人体模型上，会大大节省设计时间，同时也会使软件操作起来更加简单。因此，将复杂的图形图像处理技术、数学建模技术、仿真技术进行充分融合，使服装 CAD 更加智能化、操作简单化是其重要的发展趋势。

2D 制板软件界面 与基础功能

第一节　2D 制板软件安装与界面介绍

第二节　设计与放码系统（RP-DGS）
　　　　的基础功能

第一节 >> 2D 制板软件安装与界面介绍

富怡服装 CAD V8.0 系统（RP CAD V8.0）是一款平面制板软件，以自由打板为基础，配置智能化的制板、放码和排料功能，其系统稳定性较好，易学易用。该系统主要用于服装、帽、箱包、沙发、帐篷等用品的制板、放码与排料。相关资源和素材可通过富怡服装 CAD 官方网站"https://www.richforever.cn"查阅。

一、富怡服装 CAD V8.0 软件安装

本教程使用的富怡服装 CAD 版本为 RP CAD V8.0 下载版，软件的安装过程简单易操作，具体安装步骤如下。

（1）解压下载的软件包并打开，运行软件包中"setup.exe"文件。

（2）弹出对话框后，阅读软件使用协议，点击"是"按钮进行安装。

（3）安装过程中弹出如图 2-1-1 所示对话框，选择绘图仪类型后，点击"下一步"按钮，弹出如图 2-1-2 所示安装目录对话框。

图 2-1-1 绘图仪类型选择   图 2-1-2 安装目录选择

（4）在对话框中点击"浏览"按钮，选择软件安装路径后继续点击"下一步"按钮，点击"完成"，完成软件安装。

（5）软件安装成功后，电脑桌面上图标为""、名称为"RP-DGS"，是富怡服装 CAD V8.0 的设计与放码系统；图标为""、名称为"RP-GMS"，是富怡服装 CAD V8.0 的排料系统。

二、设计与放码系统（RP-DGS）界面介绍

打开 RP CAD V8.0 设计与放码系统进入软件制板工作界面，如图 2-1-3 所示。界面中的各项工具与菜单，方便用户进行制板与放码的各项操作。

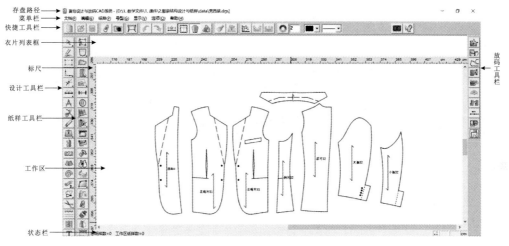

图 2-1-3 设计与放码系统操作界面

（1）存盘路径：显示当前打开文件的存储路径。

（2）菜单栏：与其他软件的菜单栏一样，该区是放置菜单命令的地方，且每个菜单的下拉菜单中又有各种命令。单击菜单时，会弹出一个下拉式列表，可用鼠标单击选择一个命令，也可以按住"Alt"键并单击菜单后的对应字母，菜单即可选中，再用方向键选中需要的命令。

（3）快捷工具栏：该栏是软件常用功能的快捷图标，用户直接点击图标就可完成对应的操作或者调出对应的对话框，为快速完成设计与放码工作提供了极大的方便。

（4）标尺：显示当前使用的度量单位和长度比例。

（5）设计工具栏：该栏包括用于绘制服装纸样结构线与辅助线的工具，部分工具右下角的小三角形表示存在与该工具有相似功能的隐藏工具，将鼠标放置在该工具上，即可显示出隐藏的工具。

（6）纸样工具栏：用设计工具栏中的" ✂（剪刀）"工具剪下纸样后，用该栏中的工具将其进行细部加工，如加剪口、加钻孔、加缝份、加缝迹线、加缩水等。

（7）放码工具栏：该栏存放着采用各种方式放码时所需要的工具。

（8）工作区：像一张白纸，软件使用者在该区域进行制板和放码，通过放大与缩小

工具可以改变其比例大小。

（9）衣片列表区：用于放置当前款式中的纸样。每一个纸样放置在一个小格的纸样框中，纸样框布局可通过菜单"选项→系统设置→界面设置→纸样列表框布局"来设置其位置。衣片列表框可放置纸样名称、份数和次序号。

（10）状态栏：位于系统的最底部，它显示当前选中的工具名称及操作提示。

第二节 ▶ 设计与放码系统（RP-DGS）的基础功能

富怡服装 CAD 是一款用于服装 2D 制板、放码和排料的工艺设计软件，包含设计与放码系统（RP-DGS）和排料系统（RP-GMS）。本节重点介绍设计与放码系统（RP-DGS）的基本功能。

一、菜单栏

（一）文档（F）

（1）新建 / 打开：与其他应用软件类似，为新建或打开一个富怡 CAD 文件，文件扩展名为 ".dgs"。

（2）保存 / 另存为：将编辑的富怡 CAD 文件存储在选定的路径中。

（3）保存到图库：与设计工具栏中的 "▓（加入 / 调整工艺图片）" 配合使用，将工艺图片存储到选定的路径中，存储的文件扩展名为 ".tlb"。

（4）安全恢复：因电脑断电没有来得及保存的文件，用该命令可将文件找回来。

（5）档案合并：把文件名不相同的文件合并在一起，要求文件的号型名称、对应的基码相同。

（6）自动打板：系统自带款式库及款式对应的板型，根据选择的款式及用户修改的尺寸信息，系统按照公式法自动生成纸样。

（7）打开 AAMA/ASTM 格式文件：打开基于 AAMA/ASTM 的扩展名为 ".dxf" 样板文件。

（8）打开 TIIP 格式文件：打开基于 TIIP 的扩展名为 ".dxf" 样板文件。

（9）打开 AutoCAD DXF 文件：打开基于 AutoCAD 的扩展名为".dxf"样板文件。

（10）输出 ASTM 文件：把本软件".dgs"文件转成基于 ASTM 格式的".dxf"文件，并进行存储，以方便与其他软件对接。

（11）退出：退出本软件，退出前对文档进行保存以免丢失文件内容。

（二）编辑（E）

（1）剪切纸样 / 复制纸样 / 粘贴纸样：将选中纸样剪切 / 复制到剪贴板上，通过"粘贴纸样"将纸样粘贴到当前文件中。

（2）辅助线点都变成放码点 / 辅助线点都变成非放码点：将选中纸样 / 工作区纸样、所有纸样中的辅助线点都变成放码点 / 非放码点。

（3）自动排列绘图区：把工作区的纸样按照绘图纸张的宽度自动排列。

（4）记忆工作区纸样位置 / 恢复工作区纸样位置：记忆各纸样在工作区的摆放位置，需要时恢复纸样在工作区的位置。

（5）复制位图：与设计工具栏中的" [图] （加入 / 调整工艺图片）"配合使用，将选择的结构图以图片的形式复制在剪贴板上，并可直接粘贴在其他软件上。

（三）纸样（P）

（1）款式资料：用于输入款式信息，这些信息资料与富怡 CAD V8.0 的排料系统兼容，可直接在排料系统中查看。

（2）纸样资料：编辑当前选中纸样的信息（图 2-2-1），可在衣片列表框上双击"纸样"进行快捷操作。

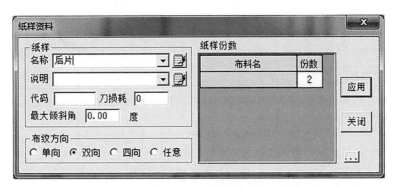

图 2-2-1　纸样资料

（3）总体数据：查看文件不同布料总的面积或周长，以及单个纸样的面积、周长。

（4）删除当前选中纸样 / 删除工作区所有纸样：将工作区中的选中纸样 / 所有纸样

从衣片列表框中删除。

（5）清除当前选中纸样：清除当前选中的纸样，但列表框中依然保存该纸样。

（6）清除纸样放码量 / 清除纸样的辅助线放码量：清除选中的纸样 / 工作区纸样 / 所有纸样的放码量 / 辅助线放码量。

（7）清除纸样拐角处的剪口 / 清除纸样中文字：清除选中纸样 / 工作区纸样 / 所有纸样的拐角处的剪口 / 文字。

（8）删除纸样所有辅助线 / 删除纸样所有临时辅助线：删除选中纸样 / 工作区纸样 / 所有纸样的辅助线 / 临时辅助线。

（9）移出工作区全部纸样：将工作区全部纸样移出工作区，衣片列表框中的纸样保留。

（10）全部纸样进入工作区：将衣片列表框中的全部纸样放入工作区。

（11）重新生成布纹线：恢复编辑过的布纹线至原始状态。

（12）辅助线随边线自动放码：与边线相接的辅助线随边线自动放码。

（13）边线和辅助线分离：使边线与辅助线不关联，使用该功能后选中边线点放码时，辅助线上的放码量保持不变。

（14）做规则纸样：输入数据可绘制精确的圆或矩形纸样。

（15）生成影子：将选中纸样上所有点线生成影子，方便更改板型后可以看到更改之前板型的影子。

（16）删除影子：删除选中纸样的影子。

（17）显示 / 掩藏影子：显示或掩藏选中纸样的影子。

（18）移动纸样到结构线位置：将移动过的纸样移到结构线的位置。

（19）纸样生成打板草图：将纸样生成新的打板草图。

（20）角度基准线：用"▨（选择纸样控制点）"工具，点击该菜单后可生成角度基准线，可用来定位袋位、腰位；基准线可用"▸（调整工具）"来调整位置，用"✐（橡皮擦）"工具进行删除。

（四）号型（G）

（1）号型编辑：编辑号型名称、尺码、颜色，用于制板和放码，如图 2-2-2 所示。"存储"将设置好的号型规格表存储在电脑中，号型规格表文件扩展名为".siz"；"打开"可以直接打开已存储的号型规格表。

（2）尺寸变量：用于存放用"▨（比较长度）"工具测量的线段尺寸，系统自动配置一个相同符号（图2-2-3），也可自行设置变量名称。

（五）显示（V）

勾选后显示相应的内容，不勾选则不显示。

（六）选项（O）

（1）系统设置：包含七个选项卡，可对系统进行各种设置，如图2-2-4所示。

①界面设置：设置软件界面样式，包括纸样列表框布局、屏幕大小、语言、线条粗细、工具栏与颜色配置等。

②长度单位：用于确定系统所用的度量单位及精度。

③缺省参数：可更改纸样默认剪口的类型、大小、角度、命令，生成样片后系统自动为样片添加缝份及缝份大小，设置结构线或纸样上的控制点大小，设置省的打孔距离和钻孔的半径，设置拾取灵敏度和衣片份数等属性。

④打印绘图：用于设置喷墨绘图仪绘制纸样内外轮廓线的宽度、类型、点的大小、剪口属性以及绘制纸样选择等。

⑤自动备份：勾选后系统实行自动备份，可设置备份方法以及备份时文件命名、存储路径等。

图2-2-2　设置号型规格表

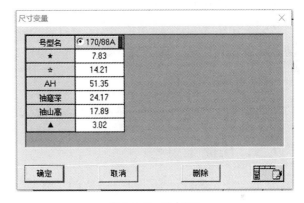

图2-2-3　尺寸变量

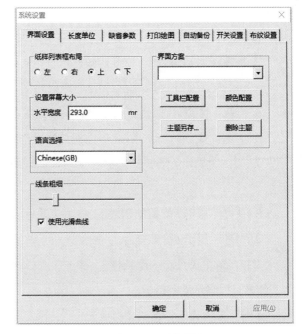

图2-2-4　系统设置

⑥开关设置：勾选则显示相应属性或者打开相应的功能，反之则不显示属性内容或关闭相应的功能。

⑦布纹设置：设置纸样中布纹线样式、大小、布纹线显示信息等。

（2）使用缺省设置：采用系统默认的设置。

（3）启用尺寸对话框：勾选该命令，画指定长度线，定位或定数调整时会弹出"长度"对话框，用于输入具体尺寸，反之没有。

（4）启用点偏移对话框：勾选该命令，用调整工具调整放码点时会弹出"偏移"对话框，用于输入具体偏移量，反之没有。

（5）字体：用于设置系统显示、工具信息提示、布纹线、尺寸变量、缝份量显示、档差标注显示字体，可应用系统默认字体，也可自己设置字体。

（七）帮助（H）

该工具用于查看应用程序版本、VID、版权等相关信息。

二、快捷工具栏

（1）▯（新建）/▱（打开）/▯（保存）：与菜单栏中"文档"下拉菜单的"新建""打开""保存"功能相同。

（2）▱（读纸样）：借助数化板、鼠标，可以将手工做的基码纸样或放码后的网状纸样输入到计算机中。

（3）▱（数码输入）：打开用数码相机拍的纸样图片文件或扫描图片文件。

（4）▱（绘图）：按比例绘制纸样或结构图。

（5）▱（撤销）：撤销按顺序做过的操作指令。

（6）▱（重新执行）：按顺序把撤销的操作再恢复。

（7）▱（显示/隐藏变量标注）：按下该图标时显示变量标注，否则为隐藏变量标注。

（8）▱（显示/隐藏结构线）：按下该图标时显示结构线，否则为隐藏结构线。

（9）▱（显示/隐藏样片）：按下该图标时显示样片，否则为隐藏样片。

（10）▱（仅显示一个纸样）：按下该图标时，工作区只有被选中的纸样显示，否则工作区可以显示所有纸样。

（11）▱（将工作窗的纸样收起）：按下该图标，将选中的纸样收起。

（12）▱（点放码表）：按下显示"点放码表"对话框，如图 2-2-5 所示。可用于进行点放码的各项操作。

（13）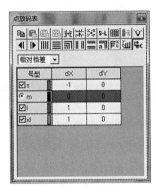（颜色设置）：用于设置纸样列表框、工作视窗和纸样号型的颜色，如图 2-2-6 所示。

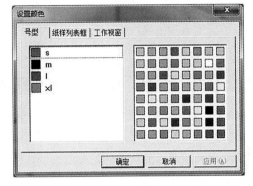

图 2-2-5　点放码表　　　　　　图 2-2-6　设置颜色

（14）![图标]（等份数）：用于设定或改变等份线段的数量。

（15）![图标]（线颜色）：用于设定或改变结构线的颜色。

（16）![图标]（线类型）：用于设定或改变结构线的类型。

三、设计工具栏

（一）调整类工具

调整类工具包括调整工具、合并调整、对称调整、省褶合起调整、曲线定长调整和线调整六个工具，其中常用的是调整工具、合并调整和对称调整。

1. ![图标]（调整工具）

该工具用于调整曲线的形状，修改曲线上控制点的个数，曲线点与转折点的转换，改变钻孔、扣眼、省、褶的属性。

（1）直接在曲线或者直线上单击，拖动鼠标左键调整线的形状。当显示弦高线时（快捷键：Ctrl+H），按小键盘数字键可更改弦的等份数，可在指定的等分点处调整线的形状，调整过程可实时显示曲线的长度 CL 和弦高 H，调整后单击左键，然后在空白处再次单击左键完成操作。

（2）把光标移到要调整线的控制点上，按下回车键，弹出对话框，可对控制点进行定量调整。单击要调整的线，使其处于选中状态，在没点的位置，用左键单击为该线添加控制点（或按"Insert"键），在有点的位置单击右键为删除（或按"Delete"键）。

（3）把鼠标移到线上，按住鼠标左键拖动不放，连接线上的两个控制点，鼠标变成"+⟋"，按住鼠标拖动其中的一个控制点，可平行拖动所选的线；当鼠标变为"+⟋"时，按"Shift"键可变为"+⟋"，按住鼠标拖动其中的一个控制点，可按比例拖动所选的线。

（4）用该工具在钻孔、眼位或省褶上单击左键，可调整它们的位置。单击右键，会弹出钻孔、眼位或省褶的属性对话框，用于修改它们的参数。

2. 🐾（合并调整）

将线段移动旋转后调整，常用于调整结构线或者纸样前后袖窿、下摆、省道、前后领口及肩点拼接处等位置。如图 2-2-7 所示，按顺序单击 L_1、L_2、L_3、L_4 后点击右键，左键拖动框选 S_1 和 S_2、S_3 和 S_4、S_5 和 S_6，点击右键，L_1、L_2、L_3、L_4 合并，弹出对话框，用左键可调整合并后曲线上的控制点，调整公共点按"Shift"键，点在水平垂直方向移动，调整完成后，点击右键结束。

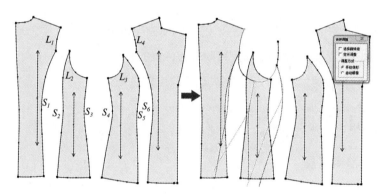

图 2-2-7　合并调整

3. ⟋（对称调整）

对纸样或结构线对称后进行调整，常用于对领子的调整。单击或框选对称轴或单击对称轴的起止点，再框选或者单击要对称调整的线，单击右键；用该工具单击要调整的线，再单击线上的点，拖动到适当位置后单击（与应用调整工具相同）；调整完成后，单击右键结束，如图 2-2-8 所示。

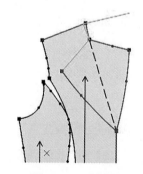

图 2-2-8　对称调整

4. 🐾（省褶合起调整）

把纸样上的省、褶合并起来调整，如图 2-2-9 所示，按顺序分别点击两个省，然后点击右键，点击裆线，调整合并后的曲线，调整完成后点击右键结束。

5. 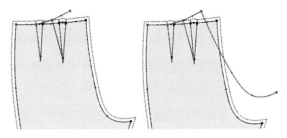（曲线定长调整）

在曲线长度保持不变的情况下，调整其形状。点击选中的曲线，拖动控制点到满意位置单击即可。

6. （线调整）

如图2-2-10所示，光标为"+↙"时可检查或调整两点间曲线的长度、两点间直度，也可调整端点的偏移；光标为"+⃗•"时可自由调整一条线的一端点到目标位置上。"+↙"和"+⃗•"可通过"Shift"键进行切换。

图2-2-9　省褶合起调整

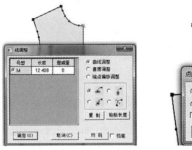

图2-2-10　线调整

（二）设计类工具

1. （智能笔）

智能笔是软件中最常用的工具之一，它集合了丁字尺、三角板、圆规、矩形、HV线等工具的功能。主要用来绘制各种线、矩形、省山等，调整各种线的长度、形状等。

（1）在空白处、关键点、交点或线上左键点击，进入画线操作。点击右键，切换到丁字尺工具，可绘制水平、垂直、45°线；再次点击右键可绘制曲线，按住"Shift"键时，可绘制折线。在线上单击右键可以对线进行任意调整；按住"Shift"键，在线上单击右键可以对线的长度进行调整，在线的中间击右键为两端不变。调整曲线长度，在线的一端击右键，则在这一端调整线的长度。按住鼠标左键拖拉线，可绘制不相交平行线，如图2-2-11所示；按住"Shift"键，并按住鼠标左键拖拉线，可绘制相交等距线，分别点击交点两边即可，如图2-2-12所示。在关键点上，右键拖拉绘制HV线，右键可

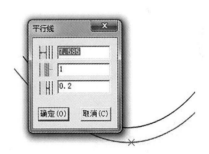

图2-2-11　绘制平行线

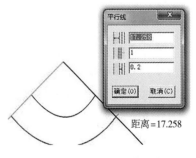

距离=17.258

图2-2-12　绘制相交等距线

切换方向，如图 2-2-13 所示；按下"Shift"键，左键拖拉选中两点，鼠标变成三角板，再点击另外一点，拖动鼠标，做选中线的平行线或垂直线，如图 2-2-14 所示。

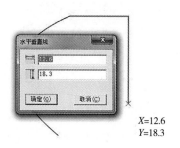

$X=12.6$
$Y=18.3$

图 2-2-13　绘制 HV 线

（2）拖动鼠标右键，或者按住"Shift"键并点击鼠标左键，可以绘制矩形。在关键点上按住鼠标左键拖动到一条线上放开，进入单圆规操作；在关键点上按下左键拖动到另一个点上放开，进入双圆规操作。按住鼠标左键拖动框选两条线后单击右键，两条线进行角连接；按住鼠标左键拖动框选两条线后单击右键，可进行加省山操作；在省的哪一侧单击右键，省就向哪一侧倒，如图 2-2-15 所示。左键框选一条或多条线后，再按"Delete"键则删除所选的线；左键框选一条或多条线后，再在另外一条线上单击左键，则进入靠边功能，在需要线的一边击右键，为单向靠边，在另外的两条线上单击左键，为双向靠边。

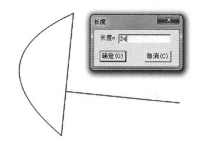

图 2-2-14　绘制垂直线

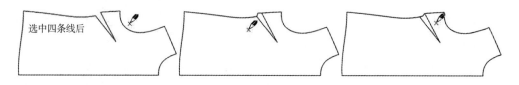

选中四条线后

图 2-2-15　加省山操作

2. ▢（矩形）

▢（矩形）用来做矩形结构线、纸样内的矩形辅助线。

3. ◣（圆角）

在不平行的两条线上，做等距或不等距圆角。用于制作西服前幅底摆、圆角口袋，适用于纸样、结构线。

按顺序分别单击或框选要做圆角的两条线，在线上移动光标，此时按"Shift"键在曲线圆角与圆弧圆角间切换，击右键光标可在"⌐（切角保留）""⌐（删除切角）"中切换，再单击弹出对话框，输入适合的数据，点击"确定"即可。

4. （等份规）

在线上加等分点、在线上加反向等距点，在结构线上或纸样上均可操作。如图 2-2-16 所示，在快捷工具栏等份数中输入份数，再用左键在线上单击即可。用鼠标右键在"➕（拱桥等分点）"和"➕（无拱

桥等分点）"之间进行切换，用"Shift"键切换"➕（等份规）"与"➕（线上反向等距）"；添加反向等分点时，单击线上的关键点，沿线移动鼠标再单击，在弹出的对话框中输入数据，可在线上加反向等分点。

拱桥等分点　　无拱桥等分点　　反向等分点

图 2-2-16　等份规操作

5. （圆规）

（1）单圆规：画从关键点到一条线上的定长直线。常用于画肩斜线、夹直、裤子后腰、袖山斜线等，如图 2-2-17 所示。

（2）双圆规：通过指定两点，同时做出两条指定长度的线。常用于画袖山斜线、西装驳头、倒伏等。在纸样、结构线上都能操作。单击线的两个端点，移动鼠标单击左键弹出对话框，分别输入两条线的长度，如图 2-2-18 所示。

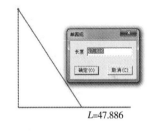

$L=47.886$

图 2-2-17　单圆规

6. 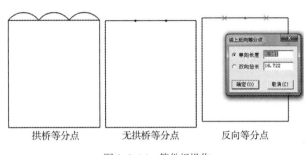（剪断线）

（剪断线）用于将一条线从指定位置断开，变成两条线，或把多段线连接成一条线。可以在结构线上操作也可以在纸样辅助线上操作。用该工具在需要剪断

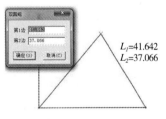

$L_1=41.642$
$L_2=37.066$

图 2-2-18　双圆规

的线上单击，线变色，再在非关键点上单击，弹出点的位置对话框，输入恰当的数值，单击"确定"即可。如果选中的点是关键点（如等分点或两线交点或线上已有的点），直接在该位置单击，不弹出对话框，直接从该点处断开。用该工具框选或分别单击需要的连接线，单击右键把多段线连接成一条线。

7. 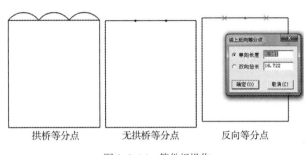（橡皮擦）

（橡皮擦）用来删除结构图上点、线，纸样上的辅助线、剪口、钻孔、省褶等。

用该工具直接在点、线上单击即可删除对象；如果要擦除集中在一起的点、线，左键框选对象即可。

8. 🔲（收省）/ 🔲（加省山）/ 🔲（插入省褶）

（1）🔲（收省）：在结构线上插入省道。用该工具依次点击收省的边线、省线，弹出省宽对话框；在对话框中，输入省量，单击"确定"后，移动鼠标，在省倒向的一侧单击左键，用左键调整省底线，最后击右键完成，如图 2-2-19 所示。

（2）🔲（加省山）：给省道加省山，适用在结构线上操作。用该工具，依次单击倒向一侧的曲线或直线，如图 2-2-20 所示。按顺序单击 1、2、3、4, 省山倒向 1 的方向，按顺序单击 4、3、2、1，省山倒向 4 的方向。

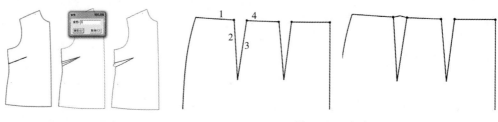

图 2-2-19   收省   图 2-2-20   加省山

（3）🔲（插入省褶）：在选中的线段上插入省褶，在纸样、结构线上均可操作。常用于制作泡泡袖、立体口袋等。有展开线时，用该工具框选插入省的线（如果插入省的线只有一条，也可以单击），击右键，然后框选或单击省线或褶线；单击右键，弹出指定线的省展开对话框；在对话框中输入省量或褶量，选择需要的处理方式，点击"确定"，如图 2-2-21（a）所示。无展开线时，用该工具框选插入省的线，击右键两次（如果插入省的线只有一条，也可以单击左键再击右键）；弹出指定线段的省展开对话框，在对话框中输入省量或褶量、省褶长度等，选择需要的处理方式，点击"确定"，如图 2-2-21（b）所示。

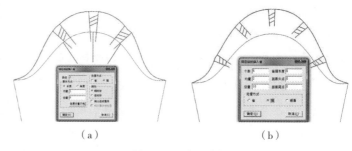

（a）   （b）

图 2-2-21   插入省褶

9. 🔲（转省）

🔲（转省）用于将结构线上的省作转移，可同心转省，也可以不同心转省，可全部转移也可以部分转移或者等分转省，转省后新省的省尖可在原位置也可以不在原位置。适用于在结构线上的转省。

　　具体步骤为：框选所有要转移的线，点击右键，如图 2-2-22（a）所示；单击新的省线，单击右键，如图 2-2-22（b）所示；单击一条线确定合并省的起始边，如果全部转省，则直接单击合并省的另一条边（用左键单击另一边，转省后两省长相等，如果用右键单击另一边，则新省尖位置不会改变），如图 2-2-22（c）所示；如果是部分转省，按住 "Ctrl" 键，单击合并省的另一边（用左键单击另一边，转省后两省长相等，如果用右键单击另一边，则新省尖位置不会改变），如图 2-2-22（d）所示；如果是等分转省，则输入数字再单击合并省的另一边（用左键单击另一边，转省后两省长相等，如果用右键单击另一边，则不修改省尖位置），如图 2-2-22（e）所示。当将省转移到多个地方时，框选或者逐个单击新的省线再单击右键，其他步骤与以上相同，如图 2-2-22（f）所示。

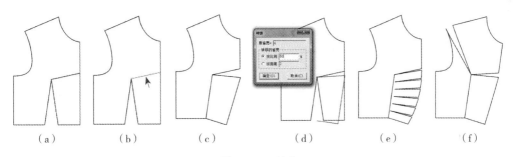

（a）　　　　（b）　　　　（c）　　　　（d）　　　　（e）　　　　（f）

图 2-2-22　转省

10. 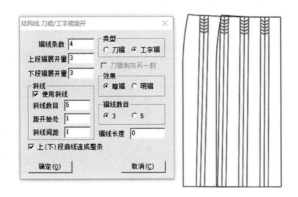（褶展开）

插入褶将结构线展开，同时加入褶的标识及褶底的修正量。只适用于在结构线上操作。

　　用该工具单击或框选操作线，按右键结束；单击上段线，如有多条线则框选并按右键结束（操作时要靠近固定的一侧，系统会有提示）；单击下段线，如有多条线则框选并按右键结束（操作时要靠近固定的一侧，系统会有提示）；单击或框选展开线，击右键，弹出 "刀褶 / 工字褶展开" 对话框（可以不选择展开线，需要在对话框中输入插入褶的数量）；在弹出的对话框中输入数据，按 "确定" 键结束，如图 2-2-23 所示。

图 2-2-23　褶展开

11. （分割 / 展开 / 去除余量）

对结构线进行修改，可对一组线展开或去除余量，常用于对领、荷叶边、大摆裙等的处理；在纸样、结构线上均可操作。

用该工具框选（或单击）所有操作线，击右键；单击不伸缩线（如果有多条线框选后击右键）；单击伸缩线（如果有多条线框选后击右键）；如果有分割线，单击或框选分割线，单击右键确定固定侧，弹出单向展开或去除余量对话框，如图 2-2-24（a）所示，如果没有分割线，单击右键确定固定侧，弹出单向展开或去除余量对话框，输入恰当数据，选择合适的选项，点击“确定”，如图 2-2-24（b）所示。

（a）　　　　　　（b）

图 2-2-24　分割 / 展开 / 去除余量

12. （长度比较）

（长度比较）用于测量一段线的长度、多段线相加所得总长、比较多段线的差值，也可以测量剪口到点的长度，在纸样、结构线上均可操作。

选择该工具，默认是长度比较工具，点击工作区任何位置，弹出“长度比较”对话框；单击需要测量的线，长度即可显示在表中，测量一段线的长度或多段线之和。比较多段线的差值时，选择该工具，弹出“长度比较”对话框；选择“长度”选项；单击或框选其中一条或几条线击右键，再单击或框选与其比较的线，如图 2-2-25 所示，“记录”表示可把 L 下边的差值记录在“尺寸变量”中。

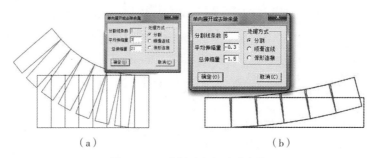

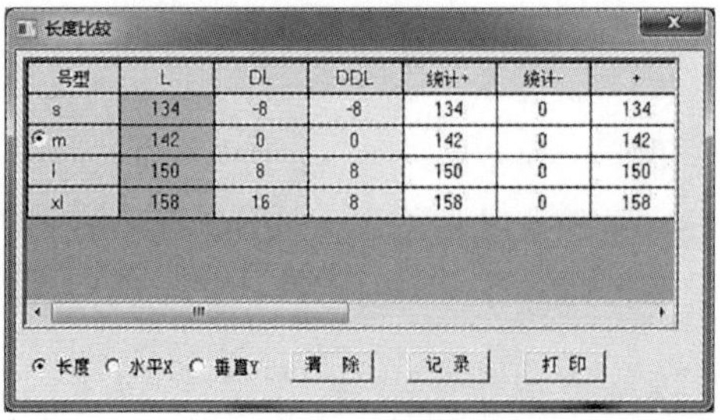

长度比较

号型	L	DL	DDL	统计+	统计-	+
s	134	-8	-8	134	0	134
m	142	0	0	142	0	142
l	150	8	8	150	0	150
xl	158	16	8	158	0	158

长度　水平X　垂直Y　清除　记录　打印

图 2-2-25　长度比较

13. 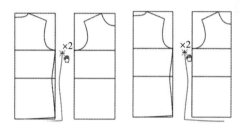（旋转）/ （对称）/ （移动）/ （对接）

（1）（旋转）：用于旋转复制或旋转一组点或线。适用于结构线与纸样辅助线。单击或框选旋转的点、线，击右键；单击一点，以该点为轴心点，再单击任意点为参考点，拖动鼠标旋转到目标位置。该工具默认为"（旋转复制）"，用"Shift"键来切换"（旋转复制）"与"（旋转）"。

（2）（对称）：根据对称轴对称复制（对称移动）结构线或纸样。单击结构线或者纸样上两点或在空白处单击两点，作为对称轴；框选或单击所需复制的点、线或纸样，单击右键完成。"（对称复制）"与"（对称）"可以用"Shift"键切换。

（3）（移动）：用于复制或移动一组点、线、扣眼、扣位等。框选或点选需要复制或移动的点、线，单击右键；单击任意一个参考点，拖动到目标位置后单击即可；单击任意参考点后，单击右键，选中的线在水平方向或垂直方向上镜像，如图 2-2-26 所示。"（复制移动）"与"（移动）"可用"Shift"键切换。

图 2-2-26 复制移动

（4）（对接）：用于把一组线向另一组线上对接。让鼠标靠近对接线上需对齐的点，单击左键，再单击另一条对接线上需要对齐的点，单击左键，然后单击右键，框选需要对接的点、线或单击需要对接的点、线，最后单击右键完成对接，如图 2-2-27（a）所示。也可按顺序单击需要对接的点，如图 2-2-27（b）所示，单击 1、3、2、4 后框选需要对接的点、线或单击需要对接的点、线，最后单击右键完成对接。

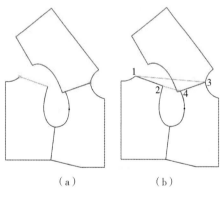

（a） （b）

图 2-2-27 对接

14. （剪刀）

（剪刀）用于从结构线或辅助线上拾取纸样。直接按顺序单击结构线或者辅助线，纸样变色后，单击右键，或者按顺序单击结构线或辅助线的端点，如果线为曲线，则在除端点外曲线上一点单击，直到单击所有线段后完成拾取。在纸样上单击鼠标右键，光标变为"", 可以用于拾取纸样内部线，单击或框选内部轮廓线，点击右键完成。

15. 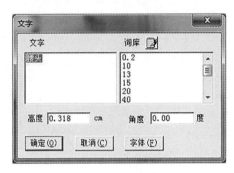（设置线的颜色、类型）

该工具用于设置或修改结构线的颜色、线类型等，通过快捷工具栏中的"■▼"（线颜色）""———▼（线类型）"的选项进行设置。

16. Ｔ（加文字）

该工具用于在结构图或纸样上加文字、移动文字、修改或删除文字，且各个号型上的文字可以不一样。

在需要加文字的地方单击，弹出对话框，如图 2-2-28 所示，可对字体、高度、角度等属性进行设置。对已经添加的文字，用鼠标左键拖动可移动文字；用鼠标右键点击文字或者把鼠标置于文字上按回车键，弹出对话框，可对文字进行修改或者在对话框中删除文字。单击纸样，弹出对话框如图 2-2-29 所示，可为每个号型添加不同文字。

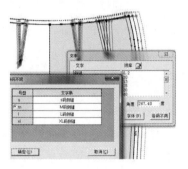

图 2-2-28　文字对话框　　　　　　图 2-2-29　纸样上加文字

四、纸样工具栏

纸样工具栏主要用于通过"✂（剪刀）"工具拾取纸样后的裁片进行操作，重点介绍几类常用工具的使用方法。

（一）省、褶类工具

1. ◹（Ｖ型省）

在纸样边线上增加或修改Ｖ型省，也可以把在结构线上加的省用该工具变成省图元。

当纸样上有省线时，直接在省线上单击，弹出"尖省"对话框，输入参数，点击"确定"，省合并起来，调整省底，调整完单击右键即可完成，如图 2-2-30 所示。当纸样上无省线时，在纸样边线上单击，弹出"点的位置"对话框，确定点的位置后，从该点滑动鼠标生成省线，单击后弹出的"尖省"对话框，输入合适的参数，点击"确定"，省合并起来，调整省底，调整完单击右键即可，如图 2-2-31 所示。将鼠标移至省上，省线变色后击右键，弹出"省尖"对话框，可对省进行修改。

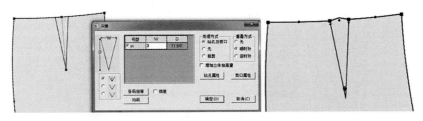

图 2-2-30　有省线添加 V 型省

图 2-2-31　无省线添加 V 型省

2. （锥型省）

在纸样上加锥型省或菱型省。如图 2-2-32 所示中，用鼠标分别单击纸样上 A、B 点，然后在辅助线 1 上滑动鼠标并单击弹出"锥型省"对话框，输入参数单击"确定"即可。

图 2-2-32　添加锥型省

3. （褶）

在纸样边线上增加或修改刀褶、工字褶，也可以把在结构线上加的褶用该工具变成褶图元。

框选或分别单击褶线，击右键弹出"褶"对话框，在纸样的褶线上添加褶。如图 2-2-33 所示，点击腰围线、裤口线，然后点击右键，弹出"褶"对话框，可添加通褶。

将鼠标移至褶上，褶线变色后击右键，弹出"褶"对话框，可对褶进行修改；或者左键单击分别选中需要修改的褶（在同一个纸样上），单击右键，弹出"褶"对话框，可对多个褶进行修改。

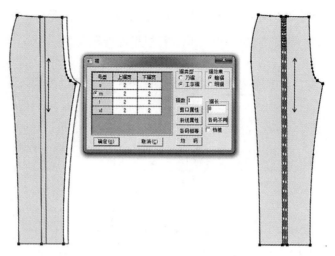

图 2-2-33　添加褶

（二）标记类工具

1. （剪口）

在纸样边线上、拐角处以及辅助线指向边线的位置加剪口，调整剪口的方向，对剪口放码、修改剪口的定位尺寸及属性。

在控制点上点击，可设置剪口与控制点的距离；在线上单击，可设置剪口在线上的位置；左键框选多条线，点击右键，可在多条线上同时加等距剪口；框选两个点，可在两点之间等分点处添加剪口；在已有的剪口上单击右键，弹出"剪口"对话框，可修改剪口尺寸，如图 2-2-34 所示。点击剪口，弹出"剪口属性"对话框，如图 2-2-35 所示，可对剪口进行修改。用该工具在已有剪口的辅助线上框选，按"Delete"键可删除剪口，也可用橡皮擦工具删除。

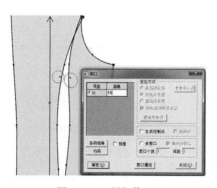

图 2-2-34　添加剪口

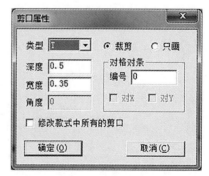

图 2-2-35　剪口属性

2. ⊞（钻孔）

在纸样上加钻孔（扣位）、修改钻孔（扣位）的属性及个数。在放码的纸样上，各码钻孔的数量可以相等也可以不相等，也可加钻孔组。如图 2-2-36 所示，用该工具单击前领深点，弹出"钻孔"对话框，输入偏移量、个数及间距，点击"确定"即可。

也可通过线上加钻孔、扣位，直接在线上单击，弹出"钻孔"对话框，如图 2-2-37所示，输入钻孔的个数及距首尾点的距离即可。修改钻孔、扣位时，直接右键点击纸样或者基码纸样上的钻孔或者扣位，弹出"线上钻孔"对话框，进行相应的属性设置即可。

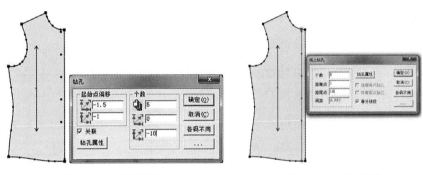

图 2-2-36　添加钻孔　　　　　　　　　图 2-2-37　线上钻孔

3. ⊢•⊣（眼位）

在纸样上加眼位、修改眼位。在放码的纸样上，各码眼位的数量可以相等也可以不相等，也可加一组扣眼。加眼位、修改眼位的方法与加钻孔、扣位的方法一样，可参考钻孔内容。

4. 🖰（布纹线）

🖰（布纹线）用于调整布纹线的方向、位置、长度以及布纹线上的文字信息。左键单击纸样上的两点，布纹线与指定两点连线平行；在纸样上击右键，布纹线以 45°旋转；在纸样（不是布纹线）上先用左键单击，再击右键可任意旋转布纹线的角度；在布纹线的"中间"位置用左键单击，拖动鼠标可平移布纹线；把光标移在布纹线的端点上，再拖动鼠标可调整布纹线的长度；按住"Shift"键，光标会变成"T"单击右键，布纹线上下的文字信息旋转 90°；按住"Shift"键，光标会变成 T，在纸样上任意点击两点，布纹线上下的文字信息按指定的方向旋转。

（三）其他工具

1. ［图标］（选择纸样控制点）

用来选中纸样、选中纸样上边线点、选中辅助线上的点、修改纸样上点的属性。直接在纸样上单击可选中一个纸样，框选各纸样的一个放码点可选中多个纸样；在放码点上用左键单击或用左键框选可选单个放码点，在放码点上框选或按住"Ctrl"键在放码点上逐个单击可选多个放码点；左键单击非放码点可选单个非放码点，按住"Ctrl"键在非放码点上逐个单击可选多个放码点；按住"Ctrl"键，单击一次为选中点，再次单击为取消选中；按"ESC"键或用该工具在空白处单击，为取消所有选中点。鼠标左键双击点，可弹出"点属性"对话框，如图 2-2-38 所示，用于修改点的属性，当选中多个点时，直接按回车键，也可弹出"点属性"对话框，用于同时修改多个点的属性。

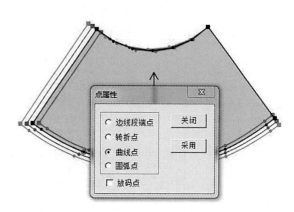

图 2-2-38　修改点属性

2. ［图标］（缝迹线）

［图标］（缝迹线）用于在纸样边线上加缝迹线、修改缝迹线。在纸样边线点上单击，弹出"缝迹线"对话框，将缝迹线长度值设置为"0"，可对整片纸样边线添加或修改已有缝迹线，当缝迹线长度值大于"0"，可设置固定长度的缝迹线；在纸样边线上左键点击一段或多段缝迹线选中边线，然后单击右键，弹出"缝迹线"对话框。

3. ［图标］（加缝份）

［图标］（加缝份）用于给纸样添加、修改缝份。在纸样的任一边线点上单击，弹出"衣片缝份"对话框，如图 2-2-39 所示，可以为选中的纸样、工作区中的所有纸样添加相同的缝份。单击边线或者框选多条边线再点击右键，弹出"加缝份"对话框，如图 2-2-40 所示，添加或者修改缝份类型和缝份量，缝份类型见表 2-2-1。

按住鼠标左键从边线上一点拖动到另外一点，弹出"加缝份"对话框，按顺时针方向为该两点之间添加或修改缝份。如果需要修改拐角缝份类型，单击需要修改的点，弹出"拐角缝份类型"对话框，进行相应的设置。按下"Shift"键，光标变为"［图标］"后，分别在靠近切角的两边上单击，可修改两边线等长的切角。

图 2-2-39 衣片缝份

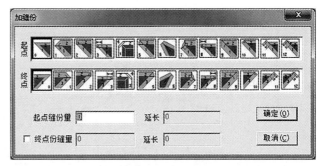

图 2-2-40 加缝份对话框

表 2-2-1 缝份类型

起点	终点	功能
		缝边自然延伸并相交，最常用的一种缝份
		按 2 边对幅，将 2 边缝边对折起来，并以 1、3 边缝边为基准修正切角，用于做裤脚、底边、袖口等
		2、3 边延长与 1 边的缝边相交，过交点做 2、3 边缝边的垂线与 2、3 边缝边相交切掉尖角，多用于公主线袖窿处
		1、3 边缝边延长至 2 边的延长线上，2 边缝份根据长度栏内输入的长度画出，并做延长线的垂线
		1、2 边交点和 2、3 边交点的切线，也可将切线与点之间距离加大，用于做袖衩、裙衩处的拐角缝边
		1、2 和 2、3 边延长线交于缝边，沿交点连线方向切掉尖角
		角平分线切角，用于做领尖等处。沿角平分线的垂线方向切掉尖角，并可在长度栏内输入该图标中红色线段的长度值
		边垂直切角，1、2 和 2、3 边沿拐角分别各自向缝边做垂线，沿交点连线方向切掉尖角
		2 边定长，1、3 边垂直
		1 边定长，可参考 2 边定长
		1 边定长，2 边垂直。可参考 2 边定长，1 边垂直
		1、2 边沿拐角分别各自向缝边做垂线，沿交点连线方向切掉尖角
		1、2 边延长线交于缝边，沿交点连线方向切掉尖角

4. 🖼（分割纸样）

将纸样沿辅助线剪开，在纸样的辅助线上直接单击即可，如图 2-2-41 所示。

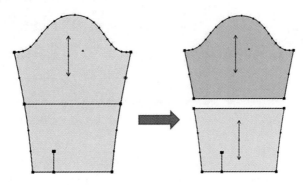

图 2-2-41　分割纸样

5. 🖼（纸样对称）

🖼（纸样对称）用于纸样的对称操作，分为"🖼（关联对称）"和"🖼（不关联对称）"两种，可通过按下"Shift"键在两者之间进行切换。进行纸样对称时，单击对称线的两个端点即可。关联对称后的纸样，在其中一半纸样修改时，另一半也联动修改。不关联对称后的纸，在其中一半纸样上改动，另一半不会跟着改动。

五、快捷键

富怡服装 CAD 设计与放码系统设置了很多快捷键，通过键盘快速打开、关闭软件一些工具和命令，大家在学习和操作过程中记住各菜单、工具的快捷键并熟练使用，可大大提高软件使用的效率。

（一）菜单快捷键

菜单栏中，主菜单后面括号中的字母表示应用"Alt+ 字母"组合键可快速打开相应的子菜单，子菜单也设置不同的快捷键，以"号型（G）"为例，同时按下"Alt+G"组合键打开下拉菜单，如图 2-2-42 所示。下拉菜单中包含两项，分别为"号型编辑（E）"和"尺寸变量（V）"，分别表示用"Ctrl+E"组合键，可直接打开号型编辑对话框，按"Alt+G"再按"Ctrl+V"组合键才能打开尺寸变量对话框。

（二）工具快捷键

在设计工具栏与放码工具栏中，将鼠标放置于工具上，会显示该工具名称，有的在名称后面的括号里包含英文字母，该字母即代表该工具的快捷方式。例如，将鼠标置于调整工具上时显示"调整工具 (A)",如图 2-2-43 所示。使用时按下字母"A",鼠标就会变为调整工具。设计工具栏与放码工具栏中只有一部分设置了快捷键,如表 2-2-2 所示。

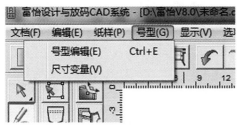

图 2-2-42　号型菜单快捷键　　　　　图 2-2-43　调整工具快捷键

表 2-2-2　部分工具快捷键设置

快捷键	功能	快捷键	功能
A	调整工具	M	对称调整
B	相交等距线	N	合并调整
C	圆规	P	点
D	等份规	Q	等距线
E	橡皮擦	R	比较长度
F	智能笔	S	矩形
G	移动	T	靠边
J	对接	V	连角
K	对称	W	剪刀
L	角度线	Z	各码对齐

(三)鼠标、键盘键

1.鼠标滑轮

在选中任何工具的情况下,向前滚动鼠标滑轮,工作区的纸样或结构线向下移动;向后滚动鼠标滑轮,工作区的纸样或结构线向上移动;单击鼠标滑轮为全屏显示;按下"Shift"键,向前滚动鼠标滑轮,工作区的纸样或结构线向右移动;向后滚动鼠标滑轮,工作区的纸样或结构线向左移动。

2.键盘方向键

按上方向键,工作区的纸样或结构线向下移动;按下方向键,工作区的纸样或结构线向上移动;按左方向键,工作区的纸样或结构线向右移动;按右方向键,工作区的纸样或结构线向左移动。

3. 小键盘"＋""－"键

小键盘"＋"键，每按一次此键，工作区的纸样或结构线放大显示一定的比例；小键盘"－"键，每按一次此键，工作区的纸样或结构线缩小显示一定的比例。

4. 空格键

在选中任何工具情况下，把光标放在纸样上，按一下空格键，即可变成"移动纸样"光标；在使用任何工具情况下，按下空格键（不弹起）光标转换成放大工具，此时向前滚动鼠标滑轮，工作区内容就以光标所在位置为中心放大显示，向后滚动鼠标滑轮，工作区内容就以光标所在位置为中心缩小显示，单击右键为全屏显示。

5. 数字与回车键组合

用智能笔画水平线时，左键单击起点，输入数据，再按回车，即可绘制相应长度的水平线；绘制矩形工具时，应用"输入数据→回车→输入数据→回车"的方法可绘制指定长、宽的矩形。

6. 其他快捷键

除了以上快捷键，设计与放码时常用的快捷键如表 2-2-3 所示。

表 2-2-3　其他常用快捷键设置

快捷键	功能	快捷键	功能
F2	切换影子与纸样边线	Ctrl+F7	显示 / 隐藏缝份量
F3	显示 / 隐藏两放码点间的长度	Ctrl+F10	一页打印时显示页边框
F4	显示所有号型 / 仅显示基码	Ctrl+F11	1∶1 显示
F5	切换缝份线与纸样边线	Ctrl+F12	纸样窗所有纸样放入工作区
F7	显示 / 隐藏缝份线	Ctrl+B	旋转
F9	匹配整段线 / 分段线	Ctrl+H	调整时显示 / 隐藏弦高线
F10	显示 / 隐藏绘图纸张宽度	Ctrl+R	重新生成布纹线
F11	匹配一个码 / 所有码	Ctrl+J	颜色填充 / 不填充纸样
F12	工作区所有纸样放回纸样窗	Shift+C	剪断线
ESC	取消当前操作	Shift+S	线调整

3D 试衣软件界面与基础功能

第一节　3D 试衣软件安装与界面介绍

第二节　CLO 3D 之 2D 与 3D 视窗工具

第三节　CLO 3D 快速入门

第一节 》3D 试衣软件安装与界面介绍

　　CLO 3D 是由韩国 CLO Virtual Fashion 出品的一款 3D 服装虚拟模拟软件，该软件基于虚拟缝合试衣技术，通过 2D 板片的虚拟缝合完成 3D 服装实时模拟。CLO 3D 采用模块化设计，并自带大量素材库，涉及虚拟模特、面料、硬件与附件、舞台等，并可通过渲染、动画等形式实现 3D 静态及动态虚拟展示。除服装外，CLO 3D 还可完成帽子、箱包、钱包等由面料制成的产品三维虚拟仿真模拟。相关资源和素材可通过 CLO 3D 官方网站"https://www.clo3d.com"查阅。

一、CLO 3D 5.1 软件安装

　　本教材使用的是 CLO 3D 5.1 版，安装过程比较简单，主要安装步骤如下。

　　（1）打开软件安装包，包含图 3-1-1 所示的三个文件。

图 3-1-1　CLO 3D 5.1 安装包

　　（2）鼠标双击"CLO_Standalone_5_1_330_Installer_x64"开始安装。在弹出的对话框中依次点击"Next→I Agree→I Agree"。

　　（3）在弹出的对话框中点击"Browse..."选择安装路径，点击"Next"，弹出安装对话框，如图 3-1-2 所示。

　　（4）在弹出的对话框中点击"Install"，弹出安装进度对话框，安装进度完成后，在弹出的对话框中点击"Finish"完成软件安装，如图 3-1-3 所示。

　　（5）再次打开软件安装包，选择复制"CLO_Standalone_x64"文件。

（6）打开安装目录，将"CLO_Standalone_x64"文件拷贝到安装目录下并替换，完成 CLO 3D 5.1 的安装。

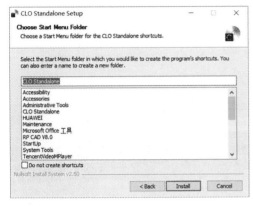

图 3-1-2 安装路径

图 3-1-3 安装完成

（7）双击桌面快捷方式""，打开 CLO 3D 5.1 软件，在弹出的界面上点击"LOG IN"，如图 3-1-4 所示。首次打开软件默认为英文界面，可以通过菜单栏的"Settings → Language → 简体中文"进行更改设置，更改完成后再重新启动 CLO 3D 即可。

图 3-1-4 登录界面

二、CLO 3D 软件操作模式

CLO 3D 软件共提供七种操作模式，如图 3-1-5 所示，可通过软件界面右上角进行选择和切换。

（1）模拟（SIMULATION）：软件默认打开时的操作模式，主要用于服装 2D 板片编辑处理和 3D 服装缝合虚拟模拟。

（2）动画（ANIMATION）：主要用于服装动态走秀视频的录制、编辑、输出等。

（3）印花排放（PRINT LAYOUT）：按照面料印花图案放置板片或者确认面料排料信息的模式。

（4）齐色（COLORWAY）：完成服装 3D 模拟后可通该模式进行同款多色配色处理，制作齐色款。

图 3-1-5 操作模式

（5）备注（COMMENT）：添加针对服装的说明以及批改意见的模式。

（6）面料计算（EMULATOR）：使用CLO 3D提供的面料测量仪将面料数字化。

（7）模块化（MODULAR）：通过简单的组合和修改板片模块做设计的模式。

三、CLO 3D模拟模式操作界面

打开CLO 3D 5.1系统，默认进入"模拟"工作界面，如图3-1-6所示。界面中的各种视窗、工具与菜单，方便用户进行3D试衣的各项操作。

图3-1-6　"模拟"工作界面

（1）菜单栏：与其他软件的菜单栏一样，该区是放置菜单命令的地方，主要包括"文件""编辑""3D服装""2D板片""缝纫""素材""虚拟模特""渲染""显示""偏好设置""设置""手册"等12个主菜单。每个主菜单的下拉菜单中又包含多个子菜单，单击主菜单时，会弹出一个下拉式列表，可用鼠标单击选择一个命令打开对应的子菜单。

（2）图库窗口：位于操作界面的左侧，主要涉及用于3D服装模拟的各种素材资源，包含"Favorites（收藏夹）""Garment（服装）""Avatar（模特）""Hanger（衣架）""Fabric（面料）""Hardware and Trims（配件）""Stage（舞台）"等条目，双击打开每个条目可以打开对应的资源库。

（3）3D视窗：默认位于操作界面的左侧，也可通过鼠标单击界面右下角的"3D"

按钮全显 3D 视窗。3D 视窗是进行 2D 板片三维缝合与试衣的操作窗口，视窗顶部放置了用于 3D 视窗操作的各种工具，如图 3-1-7 所示。

　　（4）2D 视窗：默认位于操作界面的右侧，也可通过鼠标单击界面右下角的"2D"全显 2D 视窗。2D 视窗是进行 2D 板片设计、编辑的操作窗口，视窗顶部放置了用于 2D 视窗操作的各种工具，如图 3-1-8 所示。

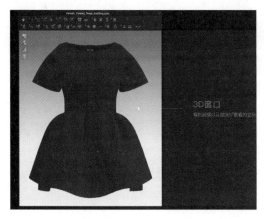

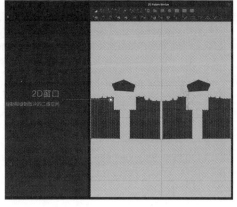

图 3-1-7　3D 视窗　　　　　　　　　　　　图 3-1-8　2D 视窗

　　（5）物体窗口：位于操作界面的右侧上部，用于选择设置场景、织物、纽扣、扣眼、明线、缝纫褶皱等。

　　（6）属性编辑器：位于操作界面的右侧下部，用于设置操作对象的属性。根据所选操作对象不同，可进行不同属性的设置，例如，织物就会涉及很多属性的设置，如纹理、法线贴图、置换图、颜色以及物理属性等设置。

第二节 〉 CLO 3D 之 2D 与 3D 视窗工具

　　CLO 3D 模拟模式是开展 2D 板片处理、3D 服装模拟的主要界面。如前文所述，工作界面包含了多种视窗、工具与菜单，方便用户进行 2D 板片和 3D 服装的各项操作。下面介绍 2D 和 3D 视窗工具的使用。

一、2D 视窗工具

2D 视窗工具栏位于 2D 视窗顶部，主要包含用于 2D 板片处理的各种工具：制板工具、缝纫线工具、贴图工具、明线工具、褶皱工具、调整工具等，如图 3-2-1 所示。鼠标移动至对应工具上悬停，将显示该工具名称以及"手册"和"视频"链接，通过打开"手册"和"视频"浏览对应工具的使用方法。

图 3-2-1　2D 视窗工具栏

（一）制板工具

1. ◣（调整板片）

该工具用于选择修改板片或板片内部图形的点、线。运用调整板片工具，可对选中的板片进行缩放、旋转、复制等板片的整体调整。

2. ▨（编辑板片）

该工具可对板片中的点、线以及整体进行移动、调整、删除等操作。点击并拖动点、线或使用方向键，在移动点、线时按住"Shift"键，点、线将沿水平、垂直、对角线或其原有的斜率进行移动。此外在移动点、线时点击鼠标右键或按"F1"键以输入数值进行精确移动。

3. ▨（编辑圆弧）

该工具用于将直线转换成曲线或调整曲线。选用编辑圆弧工具，点击并拖拉一根直线将其变为圆弧，或者单击并拖拉一根曲线进行编辑。

4. ▨（编辑曲线点）

在选中线段上点击需要添加曲线点的位置，线段上将添加自由曲线点，并且直线可通过调节曲线点变为曲线。此外，点击并拖动曲线点可以编辑曲线，在点击并拖动曲线点的同时单击右键，可输入移动的距离。

5. ▨（加点 / 分线）

在选中线段上加点。将鼠标停在线段上需要加点的位置，单击右键，在弹出的"分裂线"窗口中按照表 3-2-1 输入需要的数值。

表 3-2-1　加点操作

功能		操作
分成两条线段	线段1/ 线段2	该线段将基于鼠标悬停点被分成两段，较短的一段称为线段1，较长的一段称为线段2。在输入框中为线段1或线段2输入具体数值，将线段分成两段
	比例	在整条线的比例为100%的情况下，线段将基于百分比被分成两段
按照长度分段		从当前线段开始，整条线段添加的点以当前线段为开始方向，输入的线段长度为间距对线段进行分段，勾选菜单下方反方向，即可改变添加点开始方向
平均分段		线段将根据输入的数字分为相同长度的多个线段

6. █（剪口）

█（剪口）用于在板片边缘做剪口标记。在需要添加剪口的板片边缘线上悬停鼠标，将出现一个红色的点。在合适的位置点击鼠标剪口，创建剪口并且以红色表示。

7. █（生成圆顺曲线）

在两条线段的交点生成圆顺曲线。运用该工具在交点拖动鼠标左键可使角变圆顺。

8. █（延展）

点击板片外线创建延展线的起点，再点击板片外线上的另一点完成划分线，或左键选择板片内部线/参考线，板片将依据划分线划分，带有箭头的一侧将展开。选择侧面，然后将光标移至板片所要旋转的方向，根据角度和距离对图案进行划分和延展，如果板片中有一条内部线，则它也会与板片一起移动和旋转。

9. █（多边形）

在2D窗口中单击左键来创建起始点，按需要单击左键，最后在起点双击左键来绘制封闭多边形。在创建多边形的时候单击鼠标右键将会出现"制作多边形"窗口，"长度"和"镜像创建"选项可以更加精确方便地创建多边形。

10. █（内部多边形/线）

在2D窗口的板片内按鼠标左键创建内部图形/线的起始点，按需要点击鼠标左键，最后双击左键以结束绘制内部多边形/线。在绘制内部多边形/线的过程中单击鼠标右键以访问"内部多边形/线"的窗口，使用"长度""镜像创建"和"选择线段"选项来更精确和方便地创建内部多边形/线。

11. █（勾勒轮廓）

█（勾勒轮廓）用于将内部线/内部图形/内部区域/指示线转换为板片。

选择需要勾勒的内部线（被选中线呈黄色），在选中的线上单击鼠标右键弹出右键菜单（图 3-2-2），可根据需要选择"勾勒为板片""勾勒为内部图形""勾勒为内部线 / 图形""切断""剪切缝纫"。

12. 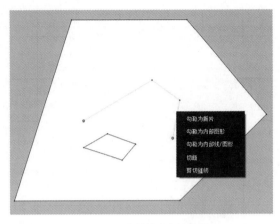（缝份）

在需要添加缝份的板片外线上单击左键，缝份将被创建并以灰色显示，缝份大小可在右侧属性编辑器中设置。

图 3-2-2　勾勒轮廓右键菜单

（二）缝纫线工具

1. （编辑缝纫线）

该工具用于对缝纫线进行删除、改变方向、移动缝合线或点等。

选择需要编辑的缝纫线，单击鼠标右键，在弹出的对话框中可以选择"调换缝纫线""删除缝纫线""合并"等操作。

2. （线缝纫）

该工具用于设置以线为单位的缝合线。选择该工具，鼠标左键分别单击对应缝合的两条线段，可使之对应缝合，缝合时注意缝纫线方向的一致性。

3. （M：N 线缝纫）

该工具用于两组线段（M 组和 N 组）的缝合设置。选择该工具，鼠标左键分别单击 M 组各线段，选择完成后按下"Enter"键；再按鼠标左键分别单击 N 组各线段，选择完成后按下"Enter"键。

4. （自由缝纫）

鼠标左键单击一条缝纫线的起点，沿缝纫线移动至终点单击选中；再在另一条缝纫线起点单击，沿缝纫线移动至终点单击，完成两条线的缝纫。

该工具也可完成 1：N 缝纫，即一对多的缝合设置。

鼠标左键单击一条缝纫线的起点，沿缝纫线移动至终点单击选中该线，按下"Shift"键，从一条边的起点单击，沿该线移动至终点单击；再从第二条边起点单击，沿该线移动至终点单击……松开"Shift"键，完成 1：N 缝纫，如图 3-2-3 所示。

5. （M：N 自由缝纫）

该工具用于两组线段（M 组和 N 组）的自由缝合设置。选择该工具，鼠标左键分别单击 M 组各线段的起点和终点，选择完成后按下"Enter"键；再按鼠标左键分别单击 N 组各线段的起点和终点，选择完成后按下"Enter"键，完成 M：N 自由缝纫，如图 3-2-4 所示。

6. （检查缝纫线长度）

该工具用于检查缝合部位对应缝纫线的长度差，缝合在一起的缝纫线长度差超过 5mm，会以红色粗线的形式显示出来。

7. （归拔）

选择该工具，将出现"归拔器"对话框，可根据需要对板片进行归、拔处理。

8. （粘衬条）

选择需要加粘衬的板片外线，选中的线段将以橙色显示，激活模拟键，选择线段将添加粘衬条以加固，如图 3-2-5 所示。

（三）贴图工具

1. ［编辑纹理（2D）］

选择需要对其纹理进行缩放的板片，同时在 2D 窗口的右上角将出现定位球，左键点击并拖动对角线方向的箭头，板片纹理将进行缩放，同时保持其宽高比。点击并拖动水平或垂直方向上的箭头以水平或垂直缩放板片纹理，如图 3-2-6 所示。

2. ［贴图（2D 板片）］

单击该图标会出现"打开文件"对话

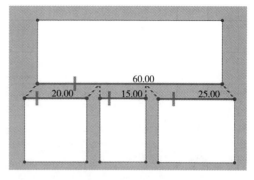

图 3-2-3 1：N 缝纫

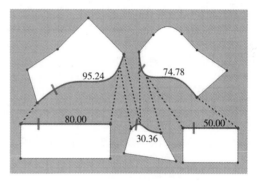

图 3-2-4 M：N 自由缝纫

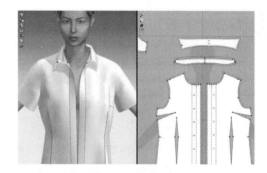

图 3-2-5 粘衬条

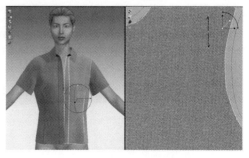

图 3-2-6 编辑纹理

框，可以在计算机上导入所选贴图。

3. （调整贴图）

用该工具单击导入的贴图可以调整贴图的位置、大小及方向，如图 3-2-7 所示。

（四）明线工具

1. ◢（编辑明线）

该工具用于对明线进行移动、删除、编辑处理。

图 3-2-7　调整贴图

2. ▦（线段明线）

选择该工具点击需要设置明线的线段，明线将在选择的线段上生成并且以高亮显示。

3. ◠（自由明线）

点击生成明线的起始点，沿着需要生成明线的方向移动鼠标，被选定的区域将显示为红色，点击明线结束位置，明线将在指定的地方生成并且以高亮显示。

4. ⬡（缝纫线明线）

选择该工具会显示全部板片上的缝纫线。点击生成明线的起始点，沿着需要生成明线的方向移动鼠标，点击明线结束位置，明线将在指定的地方生成并且以高亮显示。

二、3D 视窗工具

3D 视窗工具栏位于 3D 视窗顶部，主要包含用于 3D 服装模拟的各种工具：调整安排工具、立裁工具、缝纫工具、贴图工具、纽扣拉链工具、嵌条贴边工具等，如图 3-2-8 所示。鼠标移动至对应工具上悬停，将显示该工具名称以及"手册"和"视频"链接，可通过打开"手册"和"视频"浏览对应工具的使用。

图 3-2-8　3D 视窗工具栏

（一）调整安排工具

1. ▼（模拟）

该工具用于服装 3D 模拟。选择该工具，三维视窗中服装将根据重力、缝合关系进行模拟试穿。有"模拟（GPU）""模拟（普通）""模拟（完成）""模拟（精密）"四种不同选择，默认为"模拟（普通）"。

2. ![icon](选择 / 移动)

该工具用于对板片进行选择、移动、删除等操作。激活模拟后，"![icon]"会自动切换到"![icon]"图标。

3. ![icon](选择网格 / 窗体)

点击并拖拽鼠标框住服装上需要的区域，该区域会被选中。按住键盘上的"Shift+Ctrl"组合键，然后在服装上点击并拖拽鼠标可以额外选中一个区域的网格。

4. ![icon][固定针（箱体）]

选择该工具，2D 及 3D 窗口中的板片将显示为红色网格结构。在板片上点击并拖动鼠标以使用选框添加固定针（图 3-2-9）。按下键盘上的"Shift+Ctrl"组合键可以同时在多个区域内添加固定针。

5.

点击需要折叠的内部线或图形，将出现折叠安排定位球，按照需要沿着蓝色圈旋转红色或绿色轴（图 3-2-10），选中的板片将折叠。如果板片是联动板片，那么联动的板片也将被同步折叠。

图 3-2-9　固定针（箱体）　　图 3-2-10　折叠安排

6.

在 3D 服装上点击需要固定到虚拟模特上的点，点击的位置上会出现点，同时将出现一根跟着鼠标移动的虚线，且选中的服装将变为半透明。点击虚拟模特上的一点，服装将变回不透明的状态，2D 板片上同样生成假缝。点击"![icon]（模拟）"工具，服装模拟的同时，两点会靠近，服装将固定在虚拟模特上。

7. ▨（假缝）

▨（假缝）用于在已穿着的服装上选择某个区域进行临时掐褶调整合适度。点击一个起始点，点击的位置上会出现点，同时有一根虚线跟着鼠标光标移动，在结束点单击，另一个点将创建，两点之间的直线将以黄色高亮显示。在 2D 板片上同时生成假缝。点击"▨（模拟）"工具，模拟时服装上的这两点将互相靠近。

8. ▨（编辑假缝）

单击该工具服装将变为半透明的。单击拖动端点来调整假缝位置及假缝针之间线的长度。点击需要删除的假缝，选中的假缝将以黄色高亮显示，按下"Delete"键或在单击右键弹出菜单中选择删除，选中的假缝将被删除。

9. ▨ [重置 2D 安排位置（全部）]

单击该工具，工作区所有板片将按照 2D 窗口中的安排在 3D 窗口中安排。

10. ▨ [重置 3D 安排位置（全部）]

单击该工具，工作区所有板片重置到模拟前的 3D 安排位置。

11. ▨（提高服装品质）、▨（降低服装品质）

点击该工具将弹出"高品质属性""低品质属性"对话框，可参照表 3-2-2 进行设置。

表 3-2-2　模拟品质设置

属性		设置
服装	粒子间距	设置粒子间距的值应用到所有板片，高品质服装默认值：5mm；低品质服装默认值：20mm
	适用范围	仅适用于粒子间距在适用范围内的板片，默认的应用范围值介于 5~20mm
	板片厚度—冲突	设置板片厚度值应用到所有板片，高品质服装默认值：1mm；低品质服装默认值：2.5mm
	适用范围	上述范围内的任何板片都将被应用
虚拟模特	表面间距	设置表面间距值应用到虚拟模特。高品质服装默认值：0mm；低品质服装默认值：3mm
	适用范围	上述范围内的任何虚拟模特都将被应用
模拟	模拟品质	将模拟品质设置为完成或普通，高品质服装默认值：完成；低品质服装默认值：普通

12. ▨（虚拟模特圆周胶带）

用于在虚拟模特身上生成闭合的圆周胶带。

13. ▮（线段虚拟模特胶带）

该工具主要用于在虚拟模特身上生成线段胶带。

14. ▮（编辑虚拟模特胶带）

该工具用于对虚拟模特胶带进行选择、删除等操作。

15. ▮（贴覆到虚拟模特胶带）

运用该工具，选择板片再单击虚拟模特胶带，可将板片贴覆到虚拟模特胶带上。

16. ▮（熨烫）

该工具用于将两层叠在一起的板片进行熨烫，以保证平整服帖。选择该工具，单击要熨烫的外层板片，选中的板片将变为透明；再单击内层板片完成熨烫。

（二）立裁工具

1. ▮ [3D 画笔（服装）]

该工具用于在 3D 服装上进行画线以创建线段或图形。

选择该工具在 3D 服装的合适位置单击一个点作为起始点，按住并拖动鼠标来创建需要的 3D 线段，将出现黑色的线，并有一个黑色的点随着鼠标移动而移动，创建的线段或图形将以黄色高亮显示，创建的线段或图形将同时出现在 2D 及 3D 窗口，如图 3-2-11 所示。

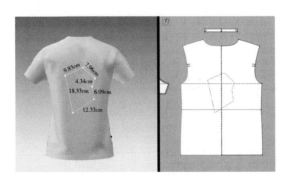

图 3-2-11　3D 画笔（服装）

2. ▮ [编辑 3D 画笔（服装）]

该工具用于对使用 3D 画笔（服装）创建的线段或图形进行编辑、移动、删除等操作。

选择该工具，点击并拖动点直至合适的位置后松开鼠标，选择的点将移动到鼠标松开的位置。在点或线上单击右键，并在弹出菜单中选择删除，或选择点或线后按下"Delete"键，选择的点或线将被删除。

3. ▨ [3D 画笔（虚拟模特）]

该工具用于在虚拟模特表面画线，并将其转换为板片。

选择该工具，如果模特身着服装，服装将显示为半透明。在模特身上点击并拖动鼠标，有一个小黑点随着鼠标移动，在合适的位置点击鼠标左键来创建需要的线段或图形，在虚拟模特表面将出现黑色点及线段，点击结束点完成线段的创建，图形或线段将被创建。

4. ▨ [编辑 3D 画笔（虚拟模特）]

该工具用于对使用 3D 画笔（虚拟模特）创建的线段或图形进行编辑、移动、删除等操作。

选择该工具，点击并拖动点直至合适的位置后松开鼠标，选择的点将移动到鼠标松开的位置。在点或线上单击右键，并在弹出菜单中选择删除，或选择点或线后按下"Delete"键，选择的点或线将被删除。

5. ▨ （展平为板片）

该功能仅用于在虚拟模特上创建的图形。将鼠标悬停于需要提取为板片的形状，该区域展平为板片后的预览将以浅蓝色显示。按住"Shift"键并点击所有需要提取的板片，选择的区域将以黄色高亮显示，按下"Enter"键，在模特上选择的区域将被转化为板片并同时在 2D 和 3D 窗口中出现。提取出的板片将应用默认面料，在提取的板片上将自动创建缝纫线。

（三）缝纫工具

3D 视窗中的缝纫工具包括"▨（编辑缝纫线）""▨（线缝纫）""▨（M：N 线缝纫）""▨（自由缝纫）""▨（M：N 自由缝纫）"，其工具功能和操作方法与 2D 视窗中相同。

（四）贴图工具

3D 视窗中的贴图工具包括"▨ [编辑纹理（3D）]""▨（调整贴图）""▨ [贴图（3D 板片）]"，工具的功能和操作方法与 2D 视窗中相同。

（五）纽扣、拉链工具

1. ▨ （纽扣）

该工具用于在板片上创建纽扣。选择该工具在 3D 服装或 2D 板片需要设置纽扣的位置单击，将在指定位置创建一个纽扣（图 3-2-12），可通过右侧属性编辑器设置纽扣属性。在放置纽扣的 2D 板片位置单击鼠标右键，弹出"移动距离"窗口，在"定位"选项中输入数据后可设置纽扣的准确位置，点击确认键，新的纽扣创建完成。

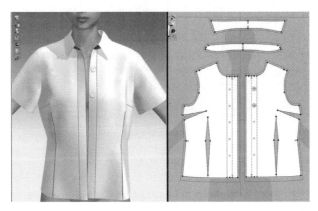

图 3-2-12 创建纽扣

2. ■■■■■（扣眼）

该工具用于在板片上创建扣眼。选择该工具在 3D 服装或 2D 板片需要设置扣眼的位置单击，将在指定位置创建一个扣眼，可通过右侧属性编辑器设置扣眼属性。如果扣眼处在单层板片上，扣眼会直接出现，如果扣眼处在多层板片上，则会出现一个弹窗设定缝纫层数，设置缝纫层数的数值并点击"确认"，创建扣眼。

3. ■■（选择/移动纽扣）

该工具用于对纽扣、扣眼进行移动调整、删除等操作。

（1）选择该工具，在 2D 板片或 3D 服装上点击纽扣或扣眼并拖动到所需的位置，选中的纽扣或扣眼会被移动到相应位置。单击拖动纽扣或扣眼的同时，在 2D 或 3D 窗口鼠标单击右键，弹出"移动距离"窗口，在"定位"选项上输入数值，纽扣或扣眼根据输入值进行移动。

（2）选择该工具，在 2D 板片或 3D 服装的纽扣上单击右键，弹出右键菜单，选择右键菜单项将执行对应操作。

4. ■■（系纽扣）

该工具用于系上或解开纽扣和扣眼。在 2D 或 3D 窗口，先后点击纽扣和扣眼，纽扣移动到扣眼上，在 3D 纽扣和扣眼的旁边会出现一个锁住的图标（图 3-2-13）。在 2D 或 3D 环境中，点击系好的纽扣，纽扣解开并回到先前位置，系纽扣图标会从 3D 视窗的纽扣和扣眼旁边消失。

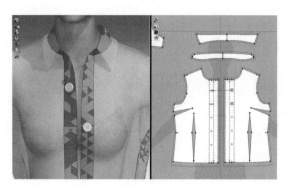

图 3-2-13　系纽扣

5. ■（拉链）

该工具用于在 3D 服装上安装拉链、解开拉链、设置拉链属性等。

（1）选择该工具，在 3D 视窗中单击要添加拉链一侧，从起点单击开始到终点双击结束；另一侧从起点单击开始，终点双击结束，完成拉链创建。点击"■（模拟）"可完成拉链闭合模拟，如图 3-2-14 所示。

（2）选择"■（选择 / 移动）"工具，点击拉链，可在右侧属性编辑器中设置属性；点击拉链头，可在属性编辑器中设置属性。选择"■（选择 / 移动）"工具，在拉链或拉链头上点击右键，弹出右键菜单，选择右键菜单项将执行对应操作。

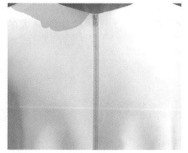

图 3-2-14　创建拉链

（六）嵌条、贴边工具

1. ■（嵌条）

该工具用于在线缝处创建嵌条。选择该工具，3D 视窗中板片的边缘上会出现点画线，单击鼠标左键创建起始点，拖动鼠标以延展，在结束位置双击完成嵌条；可在右侧属性编辑器中设置嵌条属性。

2. ▮（编辑嵌条）

该工具用于对嵌条进行选择、显示/隐藏、刷新、冷冻、删除等编辑操作。选择该工具，选中嵌条单击右键弹出右键菜单，选择右键菜单项将执行对应操作。

3. ▮（贴边）

该工具用于沿着板片外轮廓线创建贴边。选择该工具，3D 视窗中板片外轮廓线及内部线将显示为虚线，在起始点单击并在需要结束贴边的位置双击，贴边将创建在选择的线段上，可在右侧属性编辑器中设置贴边属性。

4. ▮（选择贴边）

该工具用于编辑贴边属性。选择该工具，带有贴边的板片外轮廓线将变成灰色，选中贴边，可在右侧属性编辑器中编辑贴边属性。在贴边上单击鼠标右键，弹出右键菜单，选择右键菜单项将执行对应操作。

第三节 > CLO 3D 快速入门

CLO 3D 是一款功能强大的三维服装模拟软件，如前文所述，CLO 3D 提供了七种操作模式，方便对 2D 板片和 3D 服装进行各种处理。本节以西装裙为例，讲解 CLO 3D 的模拟、齐色和动画三种模式及其操作方法。

一、CLO 3D 模拟模式

（一）人体模特和 2D 板片导入

（1）打开 CLO 3D 软件系统，在图库窗口双击"Avatar"打开模特库，双击"Female_V1"打开第一组女性模特，双击选择导入其中一名女性模特。通过菜单"虚拟模特→虚拟模特编辑器"打开虚拟模特编辑器，按照国标 160/68A 号型对应的女性人体尺寸对模特主要部位尺寸进行调整，使其符合西装裙试衣的需要，如图 3-3-1 所示。

（2）通过菜单"文件→导入→DXF（AAMA/ASTM）"导入由富怡服装 CAD 完成的西装裙板型文件（西装裙 .dxf），在选项中选择打开、板片自动排列、优化所有曲线点。

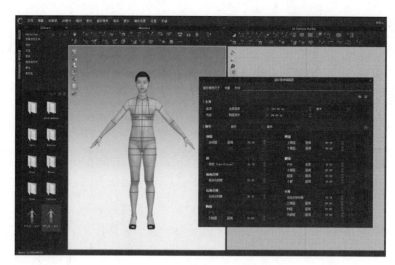

图 3-3-1　人体模特导入与尺寸编辑

（二）2D 视窗板片处理

（1）鼠标单击系统界面右下角"2D"，显示 2D 视窗，根据 2D 视窗中人体模特剪影，重新安排西装裙的 2D 板片位置，如图 3-3-2 所示。

（2）选择 2D 视窗工具栏中"▨（编辑板片）"工具，左键单击选中腰头前中线，单击右键弹出右键菜单，选择"对称展开编辑（缝纫线）"，如图 3-3-3 所示，将腰头板片对称补齐。同样操作，将裙前片对称补齐。

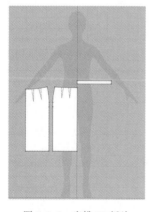

图 3-3-2　安排 2D 板片

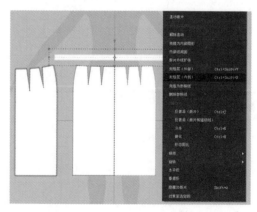

图 3-3-3　对称展开 2D 板片

（3）选择 2D 视窗工具栏中"◣（调整板片）"工具，左键单击选中裙后片，单击右键弹出右键菜单，选择"对称板片（板片和缝纫线）"，如图 3-3-4 所示，对称复制裙后片板片，同时按下"Shift"键，将对称板片水平移动放置在合适位置。

（4）选择 2D 视窗工具栏中 "[图] （勾勒轮廓）" 工具，左键点击选中裙前片腰省省线，同时按下 "Shift" 键进行加选，被选中省线呈黄色。单击右键弹出右键菜单，选择 "切断"，如图 3-3-5 所示，将省剪切，选择 2D 视窗工具栏中 "[图] （调整板片）" 工具选中剪切的板片，按 "Delete" 键删除，按照同样操作将西装裙板片上所有省剪切删除。

图 3-3-4　补齐 2D 板片　　　　　图 3-3-5　切断省线

（三）3D 视窗板片安排

（1）鼠标单击系统界面右下角 "3D"，显示 3D 视窗，左键单击 3D 视窗工具栏中 "[图] [重置 2D 安排位置（全部）]"，按照 2D 视窗中的板片位置重置 3D 视窗中的板片位置。

（2）选择 3D 视窗左上角 "[图] （显示虚拟模特）" 中的 "[图] （显示安排点）"，打开虚拟模特安排点。

（3）按键盘数字键 "2"，显示虚拟模特正面视图，运用 3D 视窗工具栏中 "[图] （选择 / 移动）" 工具，依次选择裙前片、腰头放置在对应位置安排点，如图 3-3-6 所示。

（4）按键盘数字键 "8"，显示虚拟模特背面视图，运用 3D 视窗工具栏中 "[图] （选择 / 移动）" 工具选择裙后片，放置在对应位置安排点，如图 3-3-7 所示。

（5）选择 3D 视窗左上角 "[图] （显示虚拟模特）" 中的 "[图] （显示安排点）"，隐藏安排点，完成西装裙板片的 3D 安排。

（6）运用 3D 视窗工具栏中 "[图] （选择 / 移动）" 工具，选择西装裙板片，通过定位球调整各板片至合适位置。

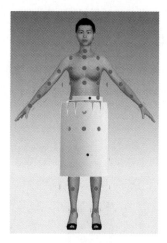

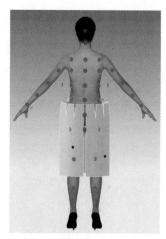

图 3-3-6　正面 3D 安排　　　　　图 3-3-7　背面 3D 安排

（四）板片缝合设置

1. 省的缝合

（1）鼠标单击系统界面右下角"3D/2D"，同时显示 3D 和 2D 视窗，根据需要随时调整 2D 视窗与 3D 视窗大小关系，方便随时查看缝合状态。

（2）选择 2D 视窗工具栏中"■（线缝纫）"工具，对每个省进行缝合设置，左键分别单击省的两条边线完成缝合设置，注意缝合方向保持一致，不要交叉。

2. 板片基础部位缝合

（1）选择 2D 视窗工具栏中"■（自由缝纫）"工具，左键单击裙后片侧缝与腰围交点，沿侧缝向下移动至裙摆交点单击；再在裙前片侧缝与腰围交点单击，沿侧缝向下移动至裙摆交点单击，完成前、后裙片侧缝缝合设置。

（2）选择 2D 视窗工具栏中"■（自由缝纫）"工具，左键单击裙后片后中线拉链止点，沿后中线向下移动至后中开衩上端点单击；再在另一片裙后片后中线同样操作，完成裙后片后中线缝合设置。

3. 1：N 缝合

1：N 缝合是指一条缝纫边"1"与多条缝纫边"N"进行对应缝合的缝合方式，在服装缝纫中十分常见。在本例中，腰头与前、后裙片在腰围线处的缝合关系属于 1：N 缝合。

（1）选择 2D 视窗工具栏中"■（自由缝纫）"工具，左键单击腰头前中点，沿腰围线向右移动至后中点，选择右半部分腰头。

（2）按住"Shift"键，在裙前片前中与腰围线交点单击，沿腰围线向右移动至第一个省位左端点单击；跳过第一个省位，然后从第一个省位右端点单击，沿腰围线向右移动至第二省位左端点单击；跳过第二个省位，再从第二个省位右端点单击，沿腰围线向右移动至右侧缝与腰围线交点单击；再从右后片侧缝与腰围线交点单击，沿腰围线向右移动至第一个省位左端点单击；跳过第一个省位，然后从第一个省位右端点单击，沿腰围线向右移动至第二个省位左端点单击；跳过第二个省位，再从第二个省位右端点单击，沿腰围线向右移动至后中与腰围线交点单击；松开"Shift"键，完成腰头与裙前、后片的缝合设置，如图 3-3-8 所示。

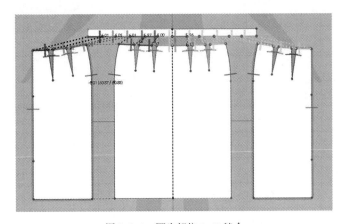

图 3-3-8　腰头部位 1：N 缝合

（五）3D 模拟试穿

1. 3D 模拟

（1）为防止西装裙模拟过程中向下滑落，可用"■（固定到虚拟模特上）"工具将腰头后中固定在虚拟模特上，或者选择将腰头后中先缝合。这里选择用"■（线缝纫）"工具将腰头后中缝合。

（2）鼠标单击系统界面右下角"3D"，显示 3D 视窗，选择 3D 视窗工具栏中"■（选择 / 移动）"工具，按"Ctrl + A"组合键选中所有板片，在选中板片上单击鼠标右键弹出右键菜单，选择"硬化"，将所有板片硬化处理。

（3）左键单击 3D 视窗工具栏中"■（模拟）"工具，或按下空格键，打开模拟，西装裙将根据缝合关系进行模拟试穿，完成硬化试穿效果，如图 3-3-9 所示。

（4）选择 3D 视窗工具栏中"■（选择 / 移动）"工具，按"Ctrl + A"组合键选中所有板片，在选中板片上单击鼠标右键弹出右键菜单，选择"解除硬化"，完成解除。

（5）鼠标单击系统界面右下角"2D"，显示 2D 视窗，选择 2D 视窗工具栏中"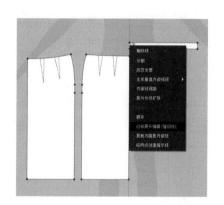（调整板片）"工具，左键单击选中腰头，单击右键弹出右键菜单，选择"克隆层（内侧）"，如图 3-3-10 所示，克隆内层腰头；鼠标单击系统界面右下角"3D"，显示 3D 视窗，左键单击 3D 视窗工具栏中"⬇（模拟）"工具，或按下空格键，打开模拟，完成西装裙 3D 模拟试穿。

图 3-3-9　硬化试穿效果　　　　　图 3-3-10　克隆内层腰头

2. 安装拉链

（1）选择 2D 视窗工具栏中"🔁（编辑缝纫线）"工具，单击腰头后中线，选中后中缝纫线，鼠标右键弹出右键菜单，选中"删除缝纫线"，将腰头后中缝纫线删除。

（2）按键盘数字键"8"，显示虚拟模特背面视图，选择 3D 视窗工具栏中"🧵（拉链）"工具，从裙后片后中位置单击安装拉链一边的起始点，沿拉链安装方向移动至终点双击结束；同理单击安装拉链的另一边后裙片的起始点，并沿拉链安装方向移动至终点双击结束，完成拉链设置，如图 3-3-11 所示。左键单击 3D 视窗工具栏中"⬇（模拟）"工具，或按下空格键，打开模拟，完成拉链安装。

（3）选择 3D 视窗工具栏中"➤（选择/移动）"工具单击选中拉链，在右侧属性编辑器中调整拉链宽度为"0.15cm"，使其成为隐形拉链；选中拉链头，在右侧属性栏中根据隐形拉链调整拉链拉头和拉片形式，完成隐形拉链设置，如图 3-3-12 所示。

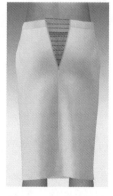

图 3-3-11　创建拉链　　图 3-3-12　完成隐形
　　　　　设置　　　　　　　拉链设置

3. 设置模特姿态

在图库窗口双击"Avatar"打开模特库，双击"Female_V1"打开第一组女性模特，双击"Pose"打开模特姿态库，选择相应 Pose 进行 3D 试穿，效果以服装悬垂、无抖动为宜。

（六）面辅料设置

1. 面料物理属性设置

（1）在图库窗口双击"Fabric"打开面料库，在面料库中挑选适合的面料。鼠标停留在某种面料上时，会显示该面料的成分、重量、厚度、纹理、颜色等基本物理属性。

（2）选中面料库中"Cotton_Gabardine"面料，左键双击添加到物体窗口。

（3）切换至 2D 视窗，按"Ctrl + A"组合键全选板片，右侧物体窗口中，在"Cotton_Gabardine"条目上单击"应用于选择的板片上"按钮（图 3-3-13），设置西装裙的面料属性为"Cotton_Gabardine"。

2. 面料纹理设置

CLO 3D 面料库中有大量面料素材，涉及棉、麻、丝、毛、化纤等常用的服装面料，每种面料都有对应的纹理、法线等贴图。根据服装设计的需要，既可以选择 CLO 3D 自带的面料库中的面料，也可以通过面料扫描仪获得指定面料的纹理贴图和法线贴图。

（1）选中物体窗口"Cotton_Gabardine"条目，在属性编辑器中设置面料的纹理等贴图。纹理设置对应"Color"贴图，颜色设置为"白色"。

（2）按键盘数字键"8"，显示虚拟模特背面视图，运用 3D 视窗工具栏中"⊹（选择 / 移动）"工具选中拉链，在属性编辑器中单击"颜色"编辑条目，打开"颜色"编辑器，鼠标选中"✎（拾色器）"工具，在西装裙上单击，如图 3-3-14 所示，将西装裙颜色设置为拉链颜色，同样操作设置拉链头颜色。

图 3-3-13　应用所选面料

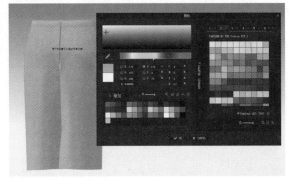

图 3-3-14　设置拉链颜色

（七）成衣展示

（1）选择 3D 视窗工具栏中"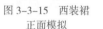（提高服装品质）"工具，打开高品质属性编辑器，将服装粒子间距调整为"5"，打开模拟，完成西装裙高品质模拟。

（2）鼠标单击 3D 视窗左上角"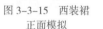（显示虚拟模特）"，隐藏虚拟模特。选择菜单"文件→快照→3D 视窗"，输出多角度视图，西装裙正、背面模拟图如图 3-3-15 和图 3-3-16 所示。

图 3-3-15　西装裙　　　图 3-3-16　西装裙
　　正面模拟　　　　　　背面模拟

（八）旋转视频录制

（1）选择菜单"文件→视频抓取→旋转录制"，打开"3D 服装旋转录像"对话框。

（2）根据输出精度要求对视频尺寸进行自定义设置，宽度设置为"1080"像素，高度设置为"1920"像素。在选项中，将方向设置为"逆时针方向"，持续时间设置为"8.0"秒，如图 3-3-17 所示。

（3）单击"录制"按钮，开始旋转视频录制，录制过程中可通过鼠标滚轮进行镜头远近调整；录制结束后，在弹出的"3D 服装旋转录像"窗口中点击"保存"，如图 3-3-18 所示。

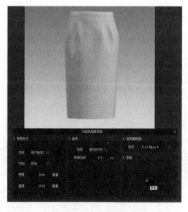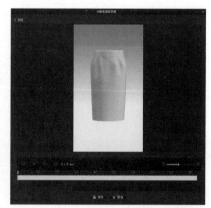

图 3-3-17　录制设置　　　　　图 3-3-18　旋转录制

二、CLO 3D 齐色模式

（1）单击 CLO 3D 操作界面右上角"模拟"下拉列表，选择"齐色"，进入齐色模式。

（2）选择界面右上角"+"，增加款式，设置款式名称分别为"Colorway B""Colorway C"。

（3）对"Colorway B""Colorway C"进行各部件颜色属性设置，设置完成后点击"更新"进行多色展示，如图 3-3-19 所示。

（4）同样操作，可设置更多款式颜色进行多色款展示。

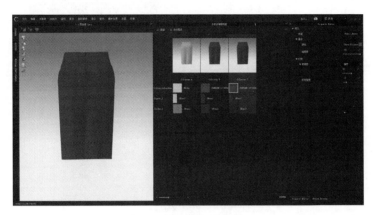

图 3-3-19　西装裙齐色设置

三、CLO 3D 动画模式

（一）增加女 T 恤

（1）在模拟模式下，选择 3D 视窗工具栏中"▨（降低服装品质）"，将西装裙粒子间距设置为"20"。在图库窗口双击"Avatar"打开模特库，双击"Female_V1"打开第一组女性模特，双击"Pose"打开模特姿态库，将模特姿势调整为双手侧举的状态。

（2）在图库窗口双击"Garment"打开服装库，找到系统自带的服装文件，选择"Female_T-shirt.zpac"，在该文件上单击鼠标右键，选择"增加到工作区"，打开"增加服装"窗口（图 3-3-20），将女 T 恤服装文件增加到系统中，全选女 T 恤板片，通过调整球将其调整到合适位置，如图 3-3-21 所示。

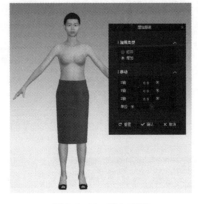

图 3-3-20　增加服装

图 3-3-21　增加女 T 恤

（3）在 2D 视窗中，用"▰（调整板片）"工具选中西装裙板片，在右侧属性编辑器中，模拟属性中的层设置为"1"，此时西装裙变为荧光绿色。左键单击 3D 视窗工具栏中"▼（模拟）"工具，或按下空格键，打开模拟，女 T 恤和西装裙将根据缝合关系、层次安排进行模拟试穿，西装裙位于外层，如图 3-3-22 所示。

（4）用"▰（调整板片）"工具选中西装裙板片，在右侧属性编辑器中，模拟属性中的层设置为"0"，西装裙变回正常色。

（5）在图库窗口双击"Avatar"打开模特库，双击"Female_V1"打开第一组女性模特，双击"Pose"打开模特姿态库，选择相应 Pose 进行 3D 试穿，效果以服装悬垂、无抖动为宜，如图 3-3-23 所示。

图 3-3-22　穿套过程　　图 3-3-23　组合试穿完成

（二）3D 动态展示

1. 动态展示设置

（1）选择 3D 视窗工具栏"▼（模拟）"工具下的"模拟（完成）"。在图库窗口双击"Avatar"打开模特库，双击"Female_V1"打开第一组女性模特，双击"Motion"打开动作库，选取第一个动作，双击"打开动作"窗口，选择"确认"，设置模特动作。

（2）单击 CLO 3D 操作界面右上角"模拟"下拉列表，选择"动画"，进入动画模式，如图 3-3-24 所示。

图 3-3-24　动画模式界面

2. 动态视频录制

（1）点击屏幕左下方"动画编辑器"中"■■（录制）"按钮，开始动态视频录制。录制过程由"移动"和"服装"两组动作组成，其中"移动"是模特在起始位置的转身动作，"服装"是按照选定的人体动作进行走秀，如图3-3-25所示。

图3-3-25　动态视频录制

（2）当"服装"的红色进度条与蓝色进度条平齐时，动态视频录制完成。

（3）点击屏幕左下方"动画编辑器"中"■■（到开始）"按钮，让模特回到起始位置，点击"▶（打开）"按钮，可预览录制的动态视频。

3. 动态视频输出

（1）选择菜单"文件→视频抓取→视频"，打开"动画"窗口。

（2）根据输出精度要求对视频尺寸进行自定义设置。在选项中，将宽度设置为"1920"像素、高度设置为"1080"像素，如图3-3-26所示。

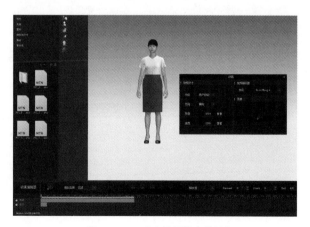

图3-3-26　动态视频输出设置

（3）点击"录制"按钮，将按照前面录制的视频进行动态视频输出录制，录制过程中可通过鼠标滚轮进行镜头远近调整，如图 3-3-27 所示。

（4）录制结束后，单击"结束"按钮，在弹出的"3D 服装旋转录像"窗口，点击"保存"，将动态视频输出保存。

图 3-3-27　动态视频输出录制

第四章

服装 CAD 应用
——基础篇

第一节　女装 CAD 应用

第二节　男装 CAD 应用

第一节 ▶ 女装 CAD 应用

本节通过三个应用案例，即女 T 恤 2D 制板与 3D 试衣、分割裙 2D 制板与 3D 试衣和连衣裙 2D 制板与 3D 试衣，讲解女装 CAD 基础应用。

一、女 T 恤 2D 制板与 3D 试衣

T 恤是 "T-shirt" 的音译名，是常见的夏季服装品类。T 恤在服装发展史中扮演着极为特殊的角色，它突破了性别、年龄、种族、国家以及贫富的界限，在世界范围内广泛而经久不衰地流行着。每年全球 T 恤的销售高达几十亿件，T 恤已成为仅次于牛仔服的第二大服装品类。

在此以一款女 T 恤为例（图 4-1-1），V 领、短袖、直摆，是常见的 T 恤款式，其主要部位规格尺寸如表 4-1-1 所示。

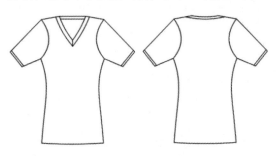

图 4-1-1　女 T 恤款式图

表 4-1-1　女 T 恤主要部位规格尺寸（号型：160/84A）　　　单位：cm

部位	胸围	摆围	衣长	袖长
尺寸	96	102	66	22

（一）女 T 恤 2D 制板

1. 女装原型导入

打开富怡服装 CAD 系统 V8.0 设计与放码系统（RP-DGS），通过菜单 "文档→打开" 或快捷工具栏 " （打开）" 工具，打开女装上衣原型文件；通过菜单 "号型→号型编辑" 打开号型规格表，对照表 4-1-1 规格尺寸设置女 T 恤尺寸。

2. 女 T 恤 2D 制板

（1）原型基础结构处理：

①根据款式，此款 T 恤无侧省，需先对前片原型侧省进行处理。首先，设置前片腰线，并将后片腰线与之对齐，然后将后片袖窿底点对位到前片侧缝线，最后开深前片袖

窿，删除侧省，使前、后侧缝等长。

②后片肩胛省通过开大后领口进行处理。前颈点下降"4.5cm"，修正前领口线，如图 4-1-2 所示。

③用"✄（剪断线）"和"✐（橡皮擦）"工具删除不必要线条，形成调整后的上衣原型。

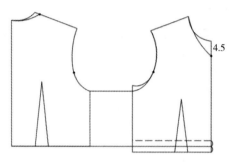

图 4-1-2　基础结构处理

（2）女 T 恤 2D 制板：

①后中向下按照"衣长"尺寸延长，底摆横向水平取"摆围 /4"，连接侧缝腰围止点；前片参照后片对应处理；前、后侧缝各做"1.5cm"收腰处理，修顺侧缝线。

②用"⊓（相交等距线）"工具，在前、后领分别做"3cm"大小衣领，如图 4-1-3 所示。

③在衣袖原型基础上，沿袖中线取袖长尺寸，作水平线；两侧各收进"1.5cm"，如图 4-1-4 所示。

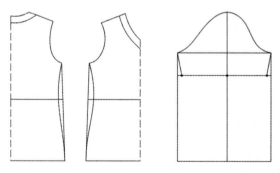

图 4-1-3　衣身结构处理　　　　图 4-1-4　衣袖结构处理

④用"✄（剪断线）"和"✐（橡皮擦）"工具删除不必要线条，修顺底摆和袖口。

⑤用"✄（剪断线）"和"🔲（移动）"工具将前、后衣领分离；用"⋀（对称）"工具沿前、后中线将前、后片对称，完成女 T 恤裁片分解。

⑥用"✂（剪刀）"工具将各裁片裁剪为纸样裁片；用"🪡（布纹线）"工具调整各裁片布纹方向，完成女 T 恤 2D 制板，如图 4-1-5 所示。

⑦通过菜单"文档→输出 ASTM 文件"输出另存为"女 T 恤 .dxf"格式文件，方便与 3D 试衣软件系统对接。

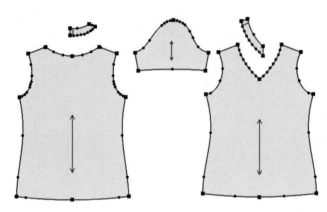

图 4-1-5　女 T 恤 2D 板型

（二）女 T 恤 3D 试衣

1. 人体模特和 2D 板片导入

（1）打开 CLO 3D 软件系统，在图库窗口双击"Avatar"打开模特库，双击"Female_V1"打开第一组女性模特，双击选择导入其中一名女性模特。通过菜单"虚拟模特→虚拟模特编辑器"打开虚拟模特编辑器，按照国标 160/84A 号型对应的女性人体尺寸对模特主要部位尺寸进行调整，使其符合女 T 恤试衣的需要。

（2）通过菜单"文件→导入→ DXF（AAMA/ASTM）"导入女 T 恤裁片文件（女 T 恤 .dxf），选项中选择"打开""板片自动排列""优化所有曲线点"。

2. 2D 视窗板片处理

（1）鼠标单击系统界面右下角"2D"，显示 2D 视窗，根据 2D 视窗中人体模特剪影，重新安排女 T 恤的 2D 板片位置。

（2）选择 2D 视窗工具栏中"◪（编辑板片）"工具，左键单击选中后衣领中线，单击右键弹出右键菜单，选择"对称展开编辑（缝纫线）"，如图 4-1-6 所示，将后衣领板片对称补齐。

（3）选择 2D 视窗工具栏中"◣（调整板片）"工具，左键单击选中衣袖板片，单击右键弹出右键菜单，选择"对称板片（板片和缝纫线）"，如图 4-1-7 所示，对称复制衣袖板片，同时按下"Shift"键，将对称板片水平移动放置在合适位置；按照同样操作将前衣领对称复制、水平移动放置在合适位置。

图 4-1-6　对称展开板片　　　　　　　　　　图 4-1-7　对称板片

3. 3D 视窗板片安排

（1）鼠标单击系统界面右下角"3D"，显示 3D 视窗，左键单击 3D 视窗工具栏中"■[重置 2D 安排位置（全部）]"，按照 2D 视窗中的板片位置重置 3D 视窗中的板片位置。

（2）选择 3D 视窗左上角"■（显示虚拟模特）"中的"■（显示安排点）"，打开虚拟模特安排点。

（3）按键盘数字键"2"，显示虚拟模特正面视图，运用 3D 视窗工具栏中"■（选择 / 移动）"工具依次选择前片、前衣领，放置在对应位置安排点，如图 4-1-8 所示。

（4）按键盘数字键"8"，显示虚拟模特背面视图，运用 3D 视窗工具栏中"■（选择 / 移动）"工具依次选择后片、后衣领，放置在对应位置安排点。

（5）按住鼠标右键将人体模特旋转一定角度，运用 3D 视窗工具栏中"■（选择 / 移动）"工具选择袖片，放置在对应安排点，结果如图 4-1-9 所示。

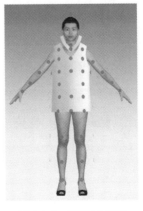
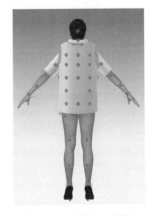

图 4-1-8　正面 3D 安排　　　　　　图 4-1-9　背面 3D 安排

（6）选择 3D 视窗左上角"▨（显示虚拟模特）"中的"�֍（显示安排点）"，隐藏安排点，完成女 T 恤板片的 3D 安排。

（7）运用 3D 视窗工具栏中"▨（选择/移动）"工具，选择女 T 恤板片，通过定位球调整各板片至合适位置。

4. 板片缝合设置

女 T 恤各板片间的缝合关系比较简单，主要涉及的是等长线缝纫关系。

（1）鼠标单击系统界面右下角"3D/2D"，同时显示 3D 和 2D 视窗，根据需要随时调整 2D 视窗与 3D 视窗大小关系，方便随时查看缝合状态。

（2）选择 2D 视窗工具栏中"▨（线缝纫）"工具，依次单击前侧缝、后侧缝，完成前、后侧缝的缝合设置（注意缝合方向，不要交叉）；同样操作完成前、后肩线的缝合设置。

（3）选择 2D 视窗工具栏中"▨（线缝纫）"工具，单击前、后衣领对应缝合线，完成前、后衣领缝合设置；同样操作完成前衣领在前中位置的缝合设置。

（4）选择 2D 视窗工具栏中"▨（线缝纫）"工具，单击前衣领、前片对应缝合线，完成前衣领与前片的缝合设置；同样操作完成后衣领与后片的缝合设置。

（5）选择 2D 视窗工具栏中"▨（线缝纫）"工具，单击衣袖袖山与前、后袖窿对应缝合线，完成衣袖与衣身的缝合设置；单击衣袖侧缝线，完成衣袖侧缝的缝合设置。

（6）鼠标单击系统界面右下角"3D"，显示 3D 视窗，通过 3D 视窗查看女 T 恤各板片的缝合设置，检查是否出现漏缝、错缝、缝纫交叉等问题，并及时纠正。

5. 3D 模拟试穿

（1）3D 模拟：

①选择 3D 视窗工具栏中"▨（选择/移动）"工具，按"Ctrl + A"组合键选中所有板片，在选中板片上单击鼠标右键弹出右键菜单，选择"硬化"，将所有板片硬化处理。

②左键单击 3D 视窗工具栏中"▨（模拟）"工具，或按下空格键，打开模拟，女 T 恤根据缝合关系进行模拟试穿，完成硬化试穿效果（图 4-1-10）。

③选择 3D 视窗工具栏中"▨（选择/移动）"工具，按"Ctrl + A"组合键选中所有板片，在选中板片上单击鼠标右键弹出右键菜单，选择"解除硬化"。

④鼠标单击系统界面右下角"2D"，显示 2D 视窗，选择 2D 视窗工具栏中"▨（调整板片）"工具，左键单击选中后衣领，按下"Shift"键同时选中前、后衣领，单击右键弹出右键菜单，选择"克隆层（内侧）"（图 4-1-11），克隆内层衣领。鼠标单

击系统界面右下角"3D"，显示 3D 视窗，左键单击 3D 视窗工具栏中"（模拟）"工具，或按下空格键，打开模拟，完成女 T 恤 3D 模拟试穿。

图 4-1-10　女 T 恤硬化试穿效果　　　图 4-1-11　克隆层（内侧）

（2）设置明线：

①选择 2D 视窗工具栏中"（自由明线）"工具，左键单击前片底摆线左端点，沿底摆线移动至右端点单击结束；同样操作完成后片底摆以及袖口的明线设置。

②在右侧属性编辑器中设置明线属性。

（3）设置模特姿态：

①在图库窗口双击"Avatar"打开模特库，双击"Female_V1"打开第一组女性模特，双击"Pose"打开模特姿态库。

②选择相应模特姿态进行 3D 试穿，效果以服装悬垂、无抖动为宜，服装正、背面模拟图如图 4-1-12 和图 4-1-13 所示。

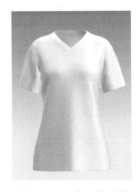

图 4-1-12　女 T 恤正面　　　图 4-1-13　女 T 恤背面

6. 面辅料设置

（1）面料属性设置：

①在图库窗口双击"Fabric"打开面料库，在面料库中挑选适合的面料。鼠标停留在某种面料上时，会显示该面料的成分、重量、厚度、纹理、颜色等基本物理属性。

②选中面料库中"Knit_Cotton_Jersey"面料，左键双击添加到物体窗口。

③按"Ctrl + A"组合键全选板片，右侧物体窗口中，在"Knit_Cotton_Jersey"条目上点击"应用于选择的板片上"按钮，设置女 T 恤的面料属性为"Knit_Cotton_Jersey"。

④在右侧物体窗口选中"Knit_Cotton_Jersey"条目，单击"复制"，复制一条"Knit_Cotton_Jersey Copy1"条目，在属性编辑器中设置面料纹理，对应"Color"贴图。

⑤选择 2D 视窗工具栏中"▧（调整板片）"工具，选中袖片，在"Knit_Cotton_Jersey Copy1"条目上点击"应用于选择的板片上"按钮，设置袖片的面料属性为"Knit_Cotton_Jersey Copy1"。

⑥选择 3D 视窗工具栏中"▧（编辑纹理）"工具，鼠标单击袖片，在右上角调整阀中调整纹理至合适大小，如图 4-1-14 所示。

（2）贴图设置：

①选择 3D 视窗工具栏中"▧（贴图）"工具，打开贴图文件，在后片板片上单击增加贴图。

②选择 3D 视窗工具栏中"▧（调整贴图）"工具，在右侧属性编辑器中将贴图颜色设置为白色，并对贴图大小、位置等进行调整，如图 4-1-15 所示。

7. 齐色展示

（1）单击界面右上角"模拟"下拉列表，选择"齐色"，进入齐色模块。

（2）选择界面右上角"+"，增加款式，设置款式名称为"Colorway B"。

（3）对"Colorway B"进行各部件颜色属性设置，设置完成后点击"更新"进行多色展示，如图 4-1-16所示。

（4）同样操作，可设置更多款式

图 4-1-14　衣袖纹理设置　　　图 4-1-15　贴图设置

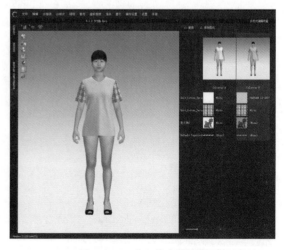

图 4-1-16　女 T 恤齐色展示

颜色进行多色款展示。

8. 成衣展示

（1）选择 3D 视窗工具栏中"![提高服装品质] （提高服装品质）"工具，打开高品质属性编辑器，将服装粒子间距调整为"5"，打开模拟，完成女 T 恤高品质模拟。

（2）选择菜单"文件→快照→3D 视窗"，输出多角度视图；女 T 恤正、背面模拟图分别如图 4-1-17 和图 4-1-18 所示。

图 4-1-17　女 T 恤正面模拟　　　图 4-1-18　女 T 恤背面模拟

二、分割裙 2D 制板与 3D 试衣

分割线是服装结构设计中常见的一种方法，通过对服装进行分割处理，可通过视错觉原理改变人体的自然形态，创造理想的比例和完美的造型。分割线的位置、数量与服装的廓型和服装合体程度以及服装加工工艺有着密切的联系。在进行分割线结构设计时，分割线的位置设计应在款式特征的基础上尽量与人体结构特征线相吻合；分割线的数量设计应在满足合体塑身的要求下考虑加工工艺的难易程度。

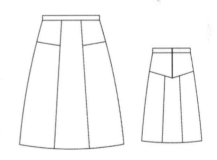

本例讨论的是一款分割裙，结构上包括横向分割（育克）和纵向分割，款式如图 4-1-19 所示，其主要部位规格尺寸如表 4-1-2 所示。

图 4-1-19　分割裙款式图

表 4-1-2　分割裙主要部位规格尺寸（号型：160/68A）　　　　单位：cm

部位	腰围	臀围	裙长
尺寸	68	90	75

（一）分割裙 2D 制板

1. 裙装原型导入

打开富怡服装 CAD 系统 V8.0 设计与放码系统（RP-DGS），通过菜单"文档→打

开"或快捷工具栏"🗁（打开）"工具，打开裙装原型文件；通过菜单"号型→号型编辑"打开号型规格表查看裙装原型号型规格，对照表 4-1-2 分割裙尺寸表重新设置裙长尺寸。

2. 分割裙 2D 制板

（1）用"✐（智能笔）"工具连接裙后片省尖点，两侧延长分别与后中线和后侧缝相交，完成后片育克分割设计；从靠近后中线的省尖点向裙摆作竖直线，完成后片竖向分割设计，如图 4-1-20 所示。

（2）用"✐（智能笔）"工具连接裙前片省尖点，向侧边延长与前侧缝相交，完成前片育克分割设计；从靠近前中线的省尖点向裙摆作竖直线，完成前片竖向分割设计，如图 4-1-20 所示。

（3）用"✂（剪断线）"工具将前、后克与前、后中片以及前、后侧片相交处剪断，用"⊞（移动）"工具将前、后育克与裙身分离，如图 4-1-21 所示。

（4）用"⟳（旋转）"工具将前、后育克省位合并，修顺腰口线和分割线；前、后片竖向分割线在裙摆处各放出"4cm"裙摆量，修顺裙摆，如图 4-1-22 所示。

（5）用"✂（剪断线）""⊞（移动）"工具将各片分离；用"▭（矩形）"工具做腰头，宽度"3cm"，完成分割裙裁片分解处理。

（6）用"✂（剪刀）"工具将各裁片裁剪为纸样裁片；用"🖊（布纹线）"工具调整各裁片布纹方向，完成分割裙2D 制板，如图 4-1-23 所示。

（7）通过菜单"文档→输出 ASTM 文件"输出另存为"分割裙 .dxf"格式文件，方便与 3D 试衣软件系统对接。

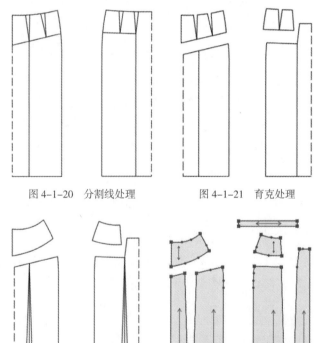

图 4-1-20　分割线处理　　　　图 4-1-21　育克处理

图 4-1-22　分割裙结构处理　　　图 4-1-23　分割裙 2D 制板

（二）分割裙 3D 试衣

1. 人体模特和 2D 板片导入

（1）打开 CLO 3D 软件系统，在图库窗口双击"Avatar"打开模特库，双击"Female_V2"打开第二组女性模特界面，双击选择导入其中一名女性模特。通过菜单"虚拟模特→虚拟模特编辑器"打开虚拟模特编辑器，按照国标 160/68A 号型对应的女性人体规格尺寸对模特主要部位尺寸进行调整，使其符合分割裙试衣的需要。

（2）通过菜单"文件→导入→ DXF（AAMA/ASTM）"导入分割裙裁片文件（分割裙 .dxf），选项中选择"打开""板片自动排列""优化所有曲线点"。

2. 2D 视窗板片处理

（1）鼠标单击系统界面右下角"2D"，显示 2D 视窗，根据 2D 视窗中人体模特剪影，重新安排分割裙的 2D 板片位置。

（2）选择 2D 视窗工具栏中" 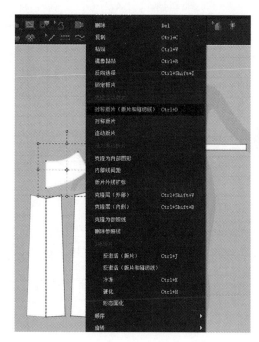（编辑板片）"工具，左键单击选中腰头前中线，单击右键弹出右键菜单，选择"对称展开编辑（缝纫线）"，将腰头板片对称补齐；按照同样操作将裙前、后片分别沿前、后中对称补齐。

（3）选择 2D 视窗工具栏中" （调整板片）"工具，左键单击选中后育克板片，单击右键弹出右键菜单，选择"对称板片（板片和缝纫线）"，如图 4-1-24所示，对称复制后育克板片，同时按下"Shift"键，将对称板片水平移动放置在合适位置；按照同样操作将前育克和前、后侧片对称复制、水平移动放置在合适位置，完成 2D 分割裙板片安排。

图 4-1-24 对称板片

3. 3D 视窗板片安排

（1）鼠标单击系统界面右下角"3D"，显示 3D 视窗，左键单击 3D 视窗工具栏中" [重置 2D 安排位置（全部）]"，按照 2D 视窗中的板片安排重置 3D 视窗中的板片位置，如图 4-1-25 所示。

（2）选择 3D 视窗左上角""中的""，打开虚拟模特安排点。

（3）按键盘数字键"2"，显示虚拟模特正面视图，运用 3D 视窗工具栏中""工具依次选择腰头、前育克、裙前片，放置在对应位置安排点，如图 4-1-26 所示。

（4）按键盘数字键"8"，显示虚拟模特背面视图，运用 3D 视窗工具栏中""工具依次选择后育克、裙后片，放置在对应位置安排点，如图 4-1-27 所示。

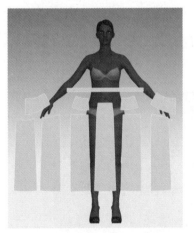  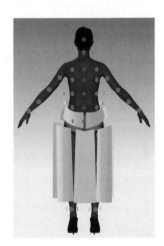

图 4-1-25　3D 视窗板片安排　　　图 4-1-26　分割裙正面 3D 安排　　　图 4-1-27　分割裙背面 3D 安排

（5）选择 3D 视窗左上角""中的""，隐藏安排点，完成 3D 分割裙板片安排。

（6）运用 3D 视窗工具栏中""工具，选择分割裙板片，通过定位球调整各板片至合适位置。

4. 板片缝合设置

（1）板片基础部位缝合：

①选择 2D 视窗工具栏中""工具，单击前侧片、后侧片裙片侧缝线，完成裙片侧缝缝合设置；单击后裙片育克后中线完成裙片育克后中线缝合；分别单击后中片与后侧片分割线、前中片与前侧片分割线，完成对应分割线的缝合设置。

②选择 2D 视窗工具栏中""工具，分别单击后育克、前育克侧缝线，完成前、后育克侧缝缝合设置；单击前育克与前中片分割线，完成前育克与前中片

的缝合设置；单击前育克和前侧片的育克分割线，完成前育克与前侧片在育克分割位置的缝合设置。

（2）1∶N缝合：

1∶N缝合是指一条缝纫边"1"与多条缝纫边"N"进行对应缝合的缝合方式，在服装缝纫中十分常见。本例中，涉及1∶N缝合关系的包括：后育克与后中片、后侧片在育克分割处的缝合以及腰头与前育克、前中片、后育克的缝合。

①选择2D视窗工具栏中"■（自由缝纫）"工具，左键单击后育克片的育克分割线与后中交点，沿育克分割线移动至育克分割线与侧缝交点单击，选中后育克片的育克分割线。

②按住"Shift"键，在后中片的育克分割线与后中交点单击，并移动至侧边竖向分割线单击；然后在后侧片的育克分割线与竖向分割线交点单击，沿育克分割线移动至侧边线交点单击，松开"Shift"键，完成后育克与后中片、后侧片在育克分割处的缝合，如图4-1-28所示。

③选择2D视窗工具栏中"■（自由缝纫）"工具，左键单击腰头前中点，沿腰线向右移动至后中点再次单击选中右侧腰线。

④按住"Shift"键，在前中片的前中点单击，沿腰线向右依次单击前中片侧点、前育克两个端点以及后育克两个端点，松开"Shift"键，完成腰头与前中片、前育克和后育克的缝合，如图4-1-29所示。

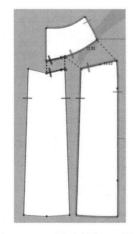 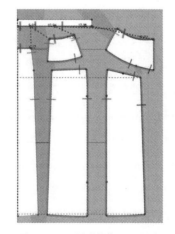

图4-1-28　后育克部位1∶N缝合　　图4-1-29　腰头部位1∶N缝合

⑤通过3D视窗查看育克褶裙的缝合设置，检查是否出现漏缝、错缝、缝纫交叉等

问题，并及时纠正，完成分割裙板片缝合设置。

5. 3D 模拟试穿

（1）3D 模拟：

①为防止模拟时裙子掉落，可用"（线缝纫）"工具将腰头后中缝合。

②鼠标单击系统界面右下角"3D"，显示 3D 视窗，选择 3D 视窗工具栏中"（选择 / 移动）"工具，按"Ctrl + A"组合键选中所有板片，在选中板片上单击鼠标右键弹出右键菜单，选择"硬化"，将所有板片硬化处理。

③左键单击 3D 视窗工具栏中"（模拟）"工具，或按下空格键，打开模拟，分割裙根据缝合关系进行模拟试穿，完成基本试穿效果。

④选择 3D 视窗工具栏中"（选择 / 移动）"工具，按"Ctrl + A"组合键选中所有板片，在选中板片上单击鼠标右键弹出右键菜单，选择"解除硬化"，完成解除。

⑤鼠标单击系统界面右下角"2D"，显示 2D 视窗，选择 2D 视窗工具栏中"（调整板片）"工具，左键单击选中腰头，单击右键弹出右键菜单，选择"克隆层（内侧）"，克隆内层腰头；鼠标单击系统界面右下角"3D"，显示 3D 视窗，左键单击 3D 视窗工具栏中"（模拟）"工具，或按下空格键，打开模拟，完成分割裙 3D 模拟试穿。

（2）安装拉链：

①按键盘数字键"8"，显示虚拟模特背面视图，选择 2D 视窗工具栏中"（编辑缝纫线）"工具，选中腰头后中线，单击鼠标右键弹出右键菜单，选择"删除缝纫线"，将腰头后中缝纫线删除。

②选择 3D 视窗工具栏中"（拉链）"工具，单击安装拉链一边的起始点，沿拉链安装方向移动至终点双击结束；同理单击安装拉链另一边的起始点，并沿拉链安装方向移动至终点双击结束，完成拉链安装，如图 4-1-30 所示。在右侧属性编辑器中调整拉链宽度为"0.15cm"；左键单击 3D 视窗工具栏中"（模拟）"工具，或按下空格键，打开模拟，完成拉链安装。

③选择 3D 视窗工具栏中"（选择 / 移动）"工具单击选中拉链头，在右侧属性栏中根据隐形拉链调整拉头和拉片形式。

（3）设置明线：

①选择 2D 视窗工具栏中"（缝纫线明线）"工具，左键

图 4-1-30　安装拉链

单击腰头边线与前中交点，沿腰头边线移动至终点单击结束；同样操作完成腰头上下边

线明线设置，在右侧属性编辑器中设置明线属性，如图 4-1-31 所示。

②选择 2D 视窗工具栏中"■■■（线段明线）"工具，左键单击前中片、前侧片、后中片、后侧片的底摆线设置裙摆明线；在右侧属性编辑器中设置明线属性。

图 4-1-31 设置明线

（4）设置模特姿态：

在图库窗口双击"Avatar"打开模特库，双击"Female_V2"打开第二组女性模特，双击"Pose"打开模特姿态库，选择相应 Pose 进行 3D 试穿，效果以服装悬垂、无抖动为宜。

6. 面辅料设置

（1）面料物理属性设置：

①在图库窗口双击"Fabric"打开面料库，在面料库中挑选适合的面料。鼠标停留在某种面料上时，会显示该面料的成分、重量、厚度、纹理、颜色等基本物理属性。

②选中面料库中"Silk_Charmeuse"面料，左键双击添加到物体窗口。

③切换至 2D 视窗，按"Ctrl + A"组合键全选板片，右侧物体窗口中，在"Silk_Charmeuse"条目上点击"应用于选择的板片上"按钮，设置分割裙的面料属性为"Silk_Charmeuse"。

（2）面辅料纹理设置：

①选中物体窗口"Silk_Charmeuse"条目，在属性编辑器中设置面料的纹理等贴图，纹理设置对应"Color"贴图。

②选择 3D 视窗工具栏中"■（编辑纹理）"工具，鼠标单击分割裙板片，在右上角调整阀中调整纹理至合适大小。

③按键盘数字键"8"，显示虚拟模特背面视图，运用 3D 视窗工具栏中"■（选择/移动）"工具选中拉链，在属性编辑器中单击"颜色"编辑条目，打开"颜色"编辑器，鼠标选中"■（拾色器）"工具，在分割裙上单击，将分割裙颜色设置为拉链颜色；同样操作设置拉链头颜色。

④右侧物体窗口选择"明线"，在属性编辑器中设置明线颜色为黑色。

7. 成衣展示

（1）选择 3D 视窗工具栏中"■（提高服装品质）"工具，打开高品质属性编辑

器，将服装粒子间距调整为"5"，打开模拟，完
成分割裙高品质模拟。

（2）鼠标单击 3D 视窗左上角 " （显示虚
拟模特）"工具，隐藏虚拟模特；选择菜单"文
件→快照→3D 视窗"，输出多角度视图；分割裙
正、背面模拟图如图 4-1-32 和图 4-1-33 所示。

8. 旋转视频录制

（1）选择菜单"文件→视频抓取→旋转录
制"，打开"3D 服装旋转录像"对话框。

（2）根据输出精度要求对视频尺寸进行自定

图 4-1-32　分割裙　　图 4-1-33　分割裙
　　正面模拟　　　　　背面模拟

义设置，宽度设置为"1080"像素，高度设置为"1920"像素；在选项中，将方向设
置为"逆时针方向"、持续时间设置为"8.0"秒，如图 4-1-34 所示。

（3）点击"录制"按钮，开始旋转视频录制，录制过程中可通过鼠标滚轮进行
镜头远近调整；录制结束后，在弹出的"3D 服装旋转录像"窗口中点击"保存"，如
图 4-1-35 所示。

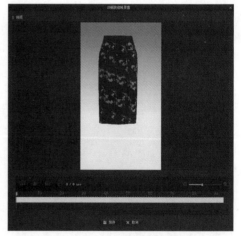

图 4-1-34　视频录制设置　　　　　　　　图 4-1-35　旋转视频录制

三、连衣裙 2D 制板与 3D 试衣

连衣裙是女装品类之一，因其款式丰富、穿着方便，深受女性的青睐。结构设计是
连衣裙设计的重要元素之一，通过不同的结构处理可呈现不同的造型。其中，公主线结

构是一种公认的经典结构，它采用"连省成缝"的曲线分割，简洁大方地表达了女性"胸、腰、臀"三围的曲线美，在连衣裙设计中被广泛应用。

图 4-1-36　X 造型连衣裙款式图

本例讨论的是一款公主线型连衣裙，结构上采用肩部公主线设计，通过前、后公主线设计形成 X 造型，款式如图 4-1-36 所示，其主要部位规格尺寸如表 4-1-3 所示。

表 4-1-3　X 造型连衣裙主要部位规格尺寸（号型：160/84A）　　　　单位：cm

部位	胸围	腰围	臀围	衣长
尺寸	96	74	100	118

（一）连衣裙 2D 制板

1. 女装原型导入

打开富怡服装 CAD 系统 V8.0 设计与放码系统（RP-DGS），通过菜单"文档→打开"或快捷工具栏"🖼（打开）"工具，打开女装上衣原型文件；通过菜单"号型→号型编辑"打开号型规格表，对照表 4-1-3 尺寸编辑连衣裙尺寸。

2. 连衣裙 2D 制板

（1）原型基础结构处理：

①用"🖊（智能笔）"工具连接后片肩胛省、腰省省尖点，形成后片公主线设计；用"📏（比较长度）"工具量取后肩线肩胛省至肩端点距离，在前肩对应截取。

②连接前肩截取点和 BP 点，用"📐（转省）"工具将前片侧省转移至前肩线，如图 4-1-37 所示。

③将前领口开大"1cm"、开深"2cm"；后领口开大"1cm"、开深"0.5cm"；用"✂（剪断线）"和"🖊（橡皮擦）"工具删除不必要线条，如图 4-1-38 所示。

图 4-1-37　转省　　　　　　　　　　　图 4-1-38　基础结构处理

（2）连衣裙 2D 制板：

①后中线向下按照"衣长"尺寸延长，腰线以下取"18cm"确定臀围线，横向水平取"臀围/4"，连接侧缝腰围止点并向下延长，与后腰中点水平对齐；前片参照后片对应处理；前、后片经腰省省尖点向裙摆作竖直线，确定公主线位置。

②根据表 4-1-3 尺寸，做收腰结构处理。前、后侧缝在腰围处各收进"1.5cm"；前、后片在做分割线处收腰"3.5cm"，裙摆放出"3cm"，如图 4-1-39 所示。

③用"✂（剪断线）"和"✏（橡皮擦）"工具删除不必要线条；用"✂（剪断线）"和"▦（移动）"工具将前、后片在公主线处分离。

④修顺裙摆、公主线；用"◢◣（对称）"工具沿前中线将前片对称，完成连衣裙裁片分解。

⑤用"✂（剪刀）"工具将各裁片裁剪为纸样裁片；用"🧵（布纹线）"工具调整各裁片布纹方向，完成连衣裙 2D 制板，如图 4-1-40 所示。

⑥通过菜单"文档→输出 ASTM 文件"输出另存为"连衣裙.dxf"格式文件，方便与 3D 试衣软件系统对接。

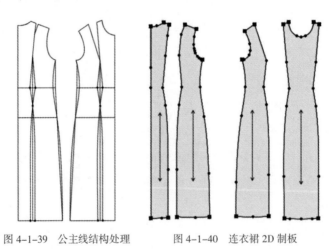

图 4-1-39　公主线结构处理　　　　图 4-1-40　连衣裙 2D 制板

（二）连衣裙 3D 试衣

1. 人体模特和 2D 板片导入

（1）打开 CLO 3D 软件系统，在图库窗口双击"Avatar"打开模特库，双击"Female_V1"打开第一组女性模特界面，双击选择导入其中一名女性模特。通过菜单"虚拟模特→虚拟模特编辑器"打开虚拟模特编辑器，按照国标 160/84A 号型对应的女性人体尺寸对模特主要部位尺寸进行调整，使其符合连衣裙试衣的需要。

（2）通过菜单"文件→导入→DXF（AAMA/ASTM）"导入连衣裙裁片文件（连衣裙.dxf），选项中选择"打开""板片自动排列""优化所有曲线点"。

2. 2D 视窗板片处理

（1）鼠标单击系统界面右下角"2D"，显示 2D 视窗，根据 2D 视窗中人体模特剪影，重新安排连衣裙的 2D 板片位置。

（2）选择 2D 视窗工具栏中"■（调整板片）"工具，左键单击选中后衣片板片，单击右键弹出右键菜单，选择"对称板片（板片和缝纫线）"，对称复制后衣片板片，同时按下"Shift"键，将对称板片水平移动放置在合适位置；按照同样操作将前侧片、后侧片对称复制，并水平移动放置在合适位置。

3. 3D 视窗板片安排

（1）鼠标单击系统界面右下角"3D"，显示 3D 视窗，左键单击 3D 视窗工具栏中"■［重置 2D 安排位置（全部）］"，按照 2D 视窗中的板片位置重置 3D 视窗中的板片位置。

（2）选择 3D 视窗左上角"■（显示虚拟模特）"中的"■（显示安排点）"，打开虚拟模特安排点。

（3）按键盘数字键"2"，显示虚拟模特正面视图，运用 3D 视窗工具栏中"■（选择／移动）"工具选择前衣片、前侧片，放置在对应位置安排点，如图 4-1-41 所示。

（4）按键盘数字键"8"，显示虚拟模特背面视图，运用 3D 视窗工具栏中"■（选择／移动）"工具选择后衣片、后侧片，放置在对应位置安排点，如图 4-1-42 所示。

图 4-1-41　正面 3D 安排　　　　图 4-1-42　背面 3D 安排

（5）选择 3D 视窗左上角"▧（显示虚拟模特）"中的"▩（显示安排点）"，隐藏安排点，完成连衣裙板片的 3D 安排。

（6）运用 3D 视窗工具栏中"▮✛（选择 / 移动）"工具，选择连衣裙板片，通过定位球调整各板片至合适位置。

4. 板片缝合设置

（1）选择 2D 视窗工具栏中"▮（线缝纫）"工具，分别单击前侧片侧缝线、后侧片侧缝线，完成侧缝缝合设置；分别单击前、后片肩线以及前、后侧片肩线，完成前、后肩线对位缝合设置。

（2）选择 2D 视窗工具栏中"▮（自由缝纫）"工具，左键单击后片公主线与肩线的交点，沿公主线向下移动至裙摆交点单击，选中后片公主线；再左键单击后侧片公主线与肩线交点，沿公主线向下移动至裙摆交点单击，完成后片与后侧片在公主线处的缝合设置。

（3）选择 2D 视窗工具栏中"▮（自由缝纫）"工具，左键单击前片公主线与肩线交点，沿公主线向下移动至裙摆交点单击，选中前片公主线；再左键单击前侧片公主线与肩线交点，沿公主线向下移动至裙摆交点单击，完成前片与前侧片在公主线处的缝合设置。

（4）选择 2D 视窗工具栏中"▮（自由缝纫）"工具，左键单击后片后中线与裙摆交点，沿后中线向上移动至拉链止点单击，选中后中线；再在另一后片单击后中线与裙摆交点，沿后中线向上移动至拉链止点单击，完成后中线对应缝合设置。

（5）鼠标单击系统界面右下角"3D"，显示 3D 视窗，通过 3D 视窗查看连衣裙各板片的缝合设置，检查是否出现漏缝、错缝、缝纫交叉等问题，并及时纠正。

5. 3D 模拟试穿

（1）3D 模拟：

①鼠标单击系统界面右下角"3D"，显示 3D 视窗，选择 3D 视窗工具栏中"▮✛（选择 / 移动）"工具，按"Ctrl + A"组合键选中所有板片，在选中板片上单击鼠标右键弹出右键菜单，选择"硬化"，将所有板片硬化处理。

②左键单击 3D 视窗工具栏中"▼（模拟）"工具，或按下空格键，打开模拟视窗，连衣裙将根据缝合关系进行模拟试穿，完成基本试穿效果。

③选择 3D 视窗工具栏中"选择 / 移动 ▮✛"工具，按"Ctrl + A"组合键选中所有板片，在选中板片上单击鼠标右键弹出右键菜单，选择"解除硬化"，完成解除。

（2）安装拉链：

①按键盘数字键"8"，显示虚拟模特背面视图，选择 3D 视窗工具栏中"（拉链）"工具，单击安装拉链一边的起始点，沿拉链安装方向移动至终点双击结束；再单击安装拉链另一边的起始点，并沿拉链安装方向移动至终点双击结束，完成拉链安装，在右侧属性编辑器中调整拉链宽度为"0.15cm"；左键单击 3D 视窗工具栏中"（模拟）"工具，或按下空格键，打开模拟，完成拉链安装。

②选择 3D 视窗工具栏中"（选择/移动）"工具单击选中拉链头，在右侧属性栏中根据隐形拉链调整拉头和拉片形式。

（3）2D 板片调整：

观察连衣裙 3D 试穿模拟效果，发现服装在腋下不够合体，如图 4-1-43 所示，需要对 2D 板片进行适当调整。

①鼠标单击系统界面右下角"3D/2D"，同时显示 3D 和 2D 视窗。选择 2D 视窗工具栏中"（编辑板片）"工具，单击选中后侧片袖窿底点，鼠标向上拖动同时按下右键，弹出右键菜单，在"X- 轴"和"Y- 轴"中分别填入"1.5cm"（注意方向），如图 4-1-44 所示；然后同样操作前侧片袖窿底点。

②左键单击 3D 视窗工具栏中"（模拟）"工具，或按下空格键，打开模拟，查看连衣裙 3D 试穿效果；如不合适，可继续调整，直至合适为止。

图 4-1-43　腋下不合体

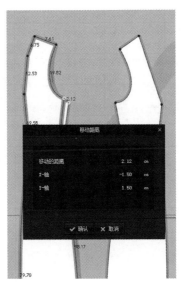
图 4-1-44　板片调整

（4）设置贴边：

①选择 3D 视窗工具栏中"（贴边）"工具，在连衣裙领口后中点单击开始，沿领口线一圈到后中点双击结束，在领口设置贴边，如图 4-1-45 所示。

②在右侧属性编辑器中设置贴边参数，如图 4-1-46 所示。

图 4-1-45　设置领口贴边　　　图 4-1-46　贴边属性设置

（5）设置模特姿态：

①在图库窗口双击"Avatar"打开模特库，双击"Female_V1"打开第一组女性模特界面，双击"Pose"打开模特姿态库。

②选择相应模特姿态进行 3D 试穿，效果以服装悬垂、无抖动为宜，同时可设置模特发型、鞋子等属性。

6. 面辅料设置

（1）面料属性设置：

①在图库窗口双击"Fabric"打开面料库，在面料库中挑选适合的面料。选中面料库中"Silk Crepede Chine"面料，左键双击添加到物体窗口。

②切换至 2D 视窗，按"Ctrl + A"键全选板片，右侧物体窗口中，在"Silk Crepede Chine"条目上点击"应用于选择的板片上"按钮，设置连衣裙的面料属性为"Silk Crepede Chine"。

（2）面辅料纹理设置：

①选中物体窗口"Silk Crepede Chine"条目，在属性编辑器中设置面料纹理，对应"Color"贴图。

②选择 3D 视窗工具栏中"（编辑纹理）"工具，鼠标单击裙片，在右上角调整阀中调整纹理至合适大小。

③选择 3D 视窗工具栏中"▮▮（选中贴边）"工具，选中领口贴边，在右侧属性编辑器中设置织物为"Silk Crepede Chine"。

④按键盘数字键"8"，显示虚拟模特背面视图，运用 3D 视窗工具栏中"▮▮（选择 / 移动）"工具选中拉链，在属性编辑器中单击"颜色"编辑条目，打开"颜色"编辑器，鼠标选中"▮▮（拾色器）"工具，在拉链旁边裙片上单击，设置拉链颜色；同样操作设置拉链头颜色。

7. 成衣展示

（1）选择 3D 视窗工具栏中"▮▮（提高服装品质）"工具，打开高品质属性编辑器，将服装粒子间距调整为"5"，打开模拟，完成连衣裙高品质模拟。

（2）选择菜单"文件→快照→3D 视窗"，输出多角度视图；连衣裙正、背面模拟图如图 4-1-47 和图 4-1-48 所示。

图 4-1-47　连衣裙正面模拟　　图 4-1-48　连衣裙背面模拟

第二节 〉 男装 CAD 应用

通过三个应用案例，即 Polo 衫 2D 制板与 3D 试衣、运动短裤 2D 制板与 3D 试衣和男衬衫 2D 制板与 3D 试衣，讲解男装 CAD 的基础应用。

一、Polo 衫 2D 制板与 3D 试衣

Polo 衫英文名为"Polo Shirt"，最早是源于马球运动的着装，因此也称马球衫，是一种短袖运动套衫，前中设门襟并带有扣子。20 世纪 60 年代，美国著名时装设计师拉尔夫·劳伦（Ralph Lauren）捕捉到马球运动服所体现出的对高品质生活追求和睿智卓越的个性气质，设计出集传统优雅与现代时尚于一体的 Polo 牌针织全棉 T 恤衫。此后，凡是这种样式的上衣，无论是什么品牌，人们都称为 Polo 衫。做工精良、穿着舒适、

款式简洁大方，使 Polo 衫成为一种永恒的经典。

讨论一款男款 Polo 衫，如图 4-2-1 所示，连体企领、短袖、直摆。其主要结构部位尺寸如表 4-2-1 所示。

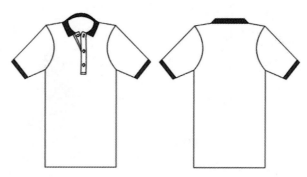

图 4-2-1　Polo 衫款式图

表 4-2-1　Polo 衫主要部位规格尺寸（号型：170/88A）　　　单位：cm

部位	胸围	衣长	袖长	袖口围
尺寸	108	72	23	36

（一）Polo 衫 2D 制板

1. 男装原型导入

打开富怡服装 CAD 系统 V8.0 设计与放码系统（RP-DGS），通过菜单"文档→打开"或快捷工具栏"　　（打开）"工具，打开男装上衣原型文件；通过菜单"号型→号型编辑"打开号型规格表，对照表 4-2-1 尺寸编辑 Polo 衫尺寸。

2. Polo 衫 2D 制板

（1）衣身结构处理（图 4-2-2）：

①前领口适当开大，侧颈点沿肩线开大"1cm"，前颈点下降"1cm"，修正前领口线；后肩按前肩长度截取，后颈点下降"1cm"，修正后领口线。

②后中线向下按照"衣长"尺寸延长，用"　　（智能笔）"工具，右键单击衣长止点拖动至侧缝与腰围交点，完成后片加长处理；前片参照后片对应处理。

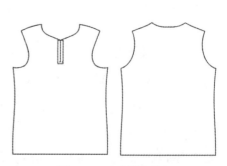

图 4-2-2　衣身结构处理

③前后侧缝各做"1cm"收腰处理，修顺侧缝线。

④用"✂（剪断线）"和"✏（橡皮擦）"工具删除不必要线条；用"▲◭（对称）"工具沿前、后中线将前、后片对称处理。

⑤前中做"12cm"开口处理；做长"13cm"、宽"3cm"的门襟；完成衣身结构处理。

（2）袖子结构处理：

①用"✎（比较长度）"工具测量前、后袖窿长度和，记作"AH"。

②按照袖子基本结构设计方法，取"胸围/10"为袖山高尺寸，取"AH/2-0.5cm"为袖山斜线尺寸，按照图 4-2-3 所示完成袖子结构处理。

③用"✂（剪断线）"和"✏（橡皮擦）"工具删除不必要线条；用"▲◭（对称）"工具沿袖中线将袖片对称处理。

（3）领子结构处理：

①用"✎（比较长度）"工具测量前、后领口曲线长度和，记作"NL/2"。

②按照连体企领结构设计方法，水平取"NL/2"，领底线下曲量为"2.5cm"，领宽取"6cm"（包含"2.5cm"底领和"3.5cm"翻领），按照图 4-2-4 所示完成领子结构处理。

③用"✂（剪断线）"和"✏（橡皮擦）"工具删除不必要线条。

（4）Polo 衫 2D 制板：

①用"✂（剪刀）"工具将各裁片裁剪为纸样裁片，鼠标右键转换为"拾取辅助线"工具，将前片门襟、领翻折线等内部线拾取。

②用"◉（钻孔）"工具在门襟中线进行扣位定位；用"▦（布纹线）"工具调整各裁片布纹方向，完成 Polo 衫 2D 制板，如图 4-2-5 所示。

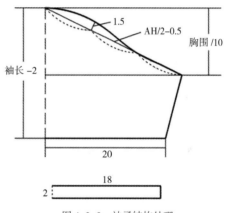

图 4-2-3　袖子结构处理

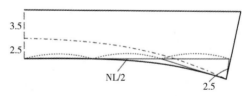

图 4-2-4　领子结构处理

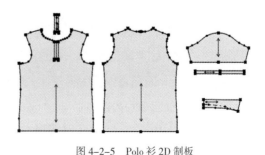

图 4-2-5　Polo 衫 2D 制板

③通过菜单"文档→输出 ASTM 文件"输出另存为"Polo 衫 .dxf"格式文件，方便与 3D 试衣软件系统对接。

（二）Polo 衫 3D 试衣

1. 人体模特和 2D 板片导入

（1）打开 CLO 3D 软件系统，在图库窗口双击"Avatar"打开模特库，双击"Male_V1"打开第一组男性模特界面，双击选择导入其中一名男性模特。通过菜单"虚拟模特→虚拟模特编辑器"打开虚拟模特编辑器，按照国标 170/88A 号型对应的男性人体尺寸对模特主要部位尺寸进行调整，使其符合 Polo 衫试衣的需要。

（2）通过菜单"文件→导入→ DXF（AAMA/ASTM）"导入 Polo 衫裁片文件（Polo 衫 .dxf），选项中选择"打开""板片自动排列""优化所有曲线点"。

2. 2D 视窗板片处理

（1）鼠标单击系统界面右下角"2D"，显示 2D 视窗，根据 2D 视窗中人体模特剪影，重新安排 Polo 衫的 2D 板片位置。

（2）选择 2D 视窗工具栏中"▨（编辑板片）"工具，左键单击选中衣领后中线，单击右键弹出右键菜单，选择"对称展开编辑（缝纫线）"，将衣领板片对称补齐。

（3）选择 2D 视窗工具栏中"▨（调整板片）"工具，左键单击选中衣袖板片，单击右键弹出右键菜单，选择"对称板片（板片和缝纫线）"，对称复制衣袖板片，同时按下"Shift"键，将对称板片水平移动放置在合适位置。

（4）选择 2D 视窗工具栏中"▨（调整板片）"工具，左键单击选中门襟板片，单击右键弹出右键菜单，选择"复制"，再单击右键弹出右键菜单，选择"粘贴"，复制门襟板片，同时按下"Shift"键，将板片水平移动放置在合适位置。

（5）选择 2D 视窗工具栏中"▨（勾勒轮廓）"工具，左键点击选中前片前中开口线，单击右键弹出右键菜单，选择"切断"，如图 4-2-6 所示，将前中门襟处剪开。

（6）选择 2D 视窗工具栏中"▨（勾勒轮廓）"工具，左键点击选中前片门襟各内部线（被选中线呈黄色），单击右键弹出右键菜单，选择"勾勒为内部线 / 图形"，如图 4-2-7 所示，将门襟勾勒为内部线（勾勒完成线呈红色）；按照同样操作将衣领翻折线、门襟内部线勾勒为内部线。

（7）选择 2D 视窗工具栏中"▨（编辑板片）"工具，左键点击选中衣领翻折线（被选中线呈黄色），在右侧属性窗口中将折叠角度设置为"360"。

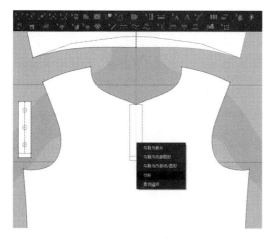

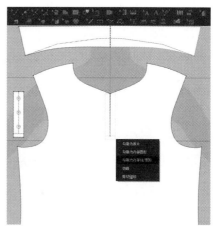

图 4-2-6　切断　　　　　　　　　　　　图 4-2-7　勾勒内部线

3. 3D 视窗板片安排

（1）鼠标单击系统界面右下角"3D"，显示 3D 视窗，左键单击 3D 视窗工具栏中" 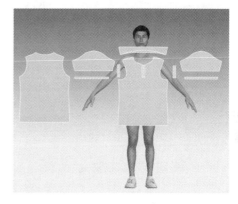[重置 2D 安排位置（全部）]"，按照 2D 视窗中的板片位置重置 3D 视窗中的板片位置，如图 4-2-8 所示。

（2）选择 3D 视窗左上角"　（显示虚拟模特）"中的"　（显示安排点）"，打开虚拟模特安排点。

图 4-2-8　3D 视窗板片位置

（3）按键盘数字键"2"，显示虚拟模特正面视图，运用 3D 视窗工具栏中"　（选择 / 移动）"工具选择前片、底襟、门襟放置在对应位置安排点，注意将底襟和门襟分别放置在前片内侧和外侧。

（4）按键盘数字键"8"，显示虚拟模特背面视图，运用 3D 视窗工具栏中"　（选择 / 移动）"工具依次选择后片、衣领，放置在对应位置点。

（5）按住鼠标右键将人体模特旋转一定角度，运用 3D 视窗工具栏中"　（选择 / 移动）"工具选择袖片，放置在对应位置点。

（6）选择 3D 视窗左上角"　（显示虚拟模特）"中的"　（显示安排点）"，隐藏安排点，完成 Polo 衫板片的 3D 安排。

（7）运用 3D 视窗工具栏中"　（选择 / 移动）"工具，选择 Polo 衫板片，通过定位球调整各板片至合适位置。

4. 板片缝合设置

（1）板片基础部位缝合：

①鼠标单击系统界面右下角"3D/2D"，同时显示 3D 和 2D 视窗，根据需要随时调整 2D 视窗与 3D 视窗大小关系，方便随时查看缝合状态。

②选择 2D 视窗工具栏中"■（线缝纫）"工具，分别单击前、后衣片的肩线、侧缝线，完成对应肩线、侧缝缝合设置；分别单击袖片侧缝，完成袖片侧缝缝合设置；分别单击袖口和袖头对应缝线，完成衣袖与袖口缝合设置。

③选择 2D 视窗工具栏中"■（线缝纫）"工具，分别单击后片袖窿、袖片后袖山以及前片袖窿、袖片前袖山完成衣身与衣袖缝合设置。

（2）1：N 缝合：

在本例中，衣领与前、后片的缝合关系属于 1：N 缝合。

①选择 2D 视窗工具栏中"■（自由缝纫）"工具，左键单击衣领板片领底线与后中交点，沿领底线向右移动至领底线止点单击，选中右半边领底线。

②按住"Shift"键，在后片领口线与后中交点单击，沿领口线移动至侧颈点单击；然后在前片对应侧颈点单击，并沿领口线移动至前颈点单击，松开"Shift"键，完成右半边衣领与前、后衣身的缝合设置，如图 4-2-9 所示；同样操作完成左半边衣领与前、后衣身的缝合设置。

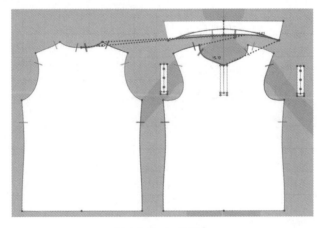

图 4-2-9　1：N 缝合

（3）门襟缝合：

门襟缝合涉及前中开口处左右缝合关系，按照男装门襟一般左搭右的关系，底襟与开口右侧缝合，门襟与开口左侧缝合。

①选择 2D 视窗工具栏中"（自由缝纫）"工具，分别单击底襟左侧边线端点，再分别单击前片衣身右侧开口处对应缝合线端点，设置对应缝合；分别单击底襟中线端点，再分别单击前片衣身右侧开口处对应缝合线端点，完成底襟与衣身缝合设置，如图 4-2-10 所示。

②选择 2D 视窗工具栏中"（自由缝纫）"工具，分别单击门襟右侧边线端点，再分别单击前片衣身左侧开口处对应缝合线端点，设置对应缝合；分别单击门襟中线端点，再分别单击前片衣身左侧开口处对应缝合线端点，完成门襟与衣身缝合设置，如图 4-2-11 所示。

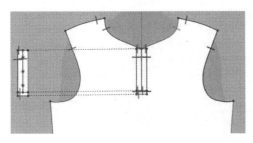

图 4-2-10 底襟缝合

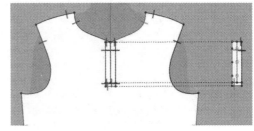

图 4-2-11 门襟缝合

③选择 2D 视窗工具栏中"（自由缝纫）"工具，将底襟与衣身、门襟与衣身在开口下方分别进行对位加固缝合设置。

④鼠标单击系统界面右下角"3D"，显示 3D 视窗，通过 3D 视窗查看各板片的缝合设置，检查是否出现漏缝、错缝、缝纫交叉等问题，并及时纠正。

5. 3D 模拟试穿

（1）3D 模拟：

①选择 3D 视窗工具栏中"（选择 / 移动）"工具，按"Ctrl + A"组合键选中所有板片，在选中板片上单击鼠标右键弹出右键菜单，选择"硬化"，将所有板片硬化处理。

②左键单击 3D 视窗工具栏中"（模拟）"工具，或按下空格键，打开模拟，Polo 衫根据缝合关系进行试穿，完成基本试穿效果。

③选择 3D 视窗工具栏中"（选择 / 移动）"工具，按"Ctrl + A"组合键选中所有板片，在选中板片上单击鼠标右键弹出右键菜单，选择"解除硬化"，完成解除。

④选择 2D 视窗工具栏中"（调整板片）"工具，单击选中门襟、底襟板片，在右侧属性编辑器，"粘衬 / 削薄"中选择"粘衬"，完成粘衬。

（2）设置纽扣：

①选择 3D 视窗工具栏中 "　（纽扣）" 工具，在底襟板片上纽扣位置添加纽扣，在右侧属性编辑器中设置纽扣相应属性，如图 4-2-12 所示。

②选择 3D 视窗工具栏中 "　（扣眼）" 工具，在门襟板片上扣眼位置添加扣眼，并在右侧属性编辑器中编辑扣眼相应属性。

③选择 3D 视窗工具栏中 "　（选择 / 移动纽扣）" 工具，选择所有扣眼，在右侧属性编辑器中将角度设置为 90°，如图 4-2-13 所示。

图 4-2-12　设置纽扣属性　　　　图 4-2-13　设置扣眼属性

④选择 3D 视窗工具栏中 "　（系纽扣）" 工具，在 2D 视窗分别单击纽扣和对应的扣眼进行系纽扣，如图 4-2-14 所示。

⑤左键单击 3D 视窗工具栏中 "　（模拟）" 工具，或按下空格键，打开模拟，在 3D 视窗中系好纽扣，如图 4-2-15 所示。

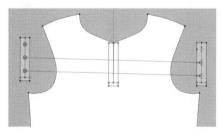 

图 4-2-14　系纽扣　　　　　　　图 4-2-15　系好纽扣

（3）设置明线：

①选择 2D 视窗工具栏中 "　（自由明线）" 工具，左键单击前片底摆线左端点，

沿底摆线移动至右端点单击结束；同样操作完成后片底摆的明线设置。

②在右侧属性编辑器中设置明线属性。

（4）设置模特姿态：

在图库窗口双击"Avatar"打开模特库，双击"Male_V1"打开第一组男性模特界面，双击"Pose"打开模特姿态库，选择相应 Pose 进行 3D 试穿，效果以服装悬垂、无抖动为宜。

6.面辅料设置

（1）面料属性设置：

①在图库窗口双击"Fabric"打开面料库，选中面料库中"Knit_Cotton_Jersey"面料，左键双击添加到物体窗口。

②按"Ctrl + A"组合键全选板片，在右侧物体窗口中，在"Knit_Cotton_Jersey"条目上点击"应用于选择的板片上"按钮，设置 Polo 衫的面料属性为"Knit_Cotton_Jersey"；在属性编辑器中，设置颜色为军绿色。

③在右侧物体窗口选中"Knit_Cotton_Jersey"条目，单击"复制"，复制一条"Knit_Cotton_Jersey Copy1"条目，在属性编辑器中设置面料纹理，对应"Color"贴图，颜色设置为白色。

④选择 2D 视窗工具栏中"▰（调整板片）"工具，选中衣领、袖口板片，在"Knit_Cotton_Jersey Copy1"条目上点击"应用于选择的板片上"按钮，设置衣领、袖口的面料属性为"Knit_Cotton_Jersey Copy1"。

⑤选择 3D 视窗工具栏中"▰（编辑纹理）"工具，鼠标单击衣领板片，在右上角调整阀中调整纹理至合适大小。

（2）纽扣、明线属性调整设置：

①选择物体窗口中"纽扣"条目，在属性编辑器中单击"颜色"编辑条目，打开"颜色"编辑器，鼠标选中"▰（拾色器）"工具，在衣领上单击，将衣领颜色设置为纽扣颜色。

②选择物体窗口中"扣眼"条目，在属性编辑器中单击"颜色"编辑条目，打开"颜色"编辑器，鼠标选中"▰（拾色器）"工具，在门襟上单击，将门襟颜色设置为扣眼颜色。

③选择物体窗口中"明线"条目，在属性编辑器中单击"颜色"编辑条目，打开"颜色"编辑器，鼠标选中"▰（拾色器）"工具，在前片上单击，将衣身颜色设置为

明线颜色。

7. 齐色展示

（1）单击界面右上角"模拟"下拉列表，选择"齐色"，进入齐色模式。

（2）选择界面右上角"+"，增加款式，设置款式名称分别为"Colorway B""Colorway C"。

（3）对"Colorway B""Colorway C"进行各部件颜色属性设置，设置完成后点击"更新"进行多色展示，如图 4-2-16 所示。

8. 成衣展示

（1）选择 3D 视窗工具栏中" （提高服装品质）"工具，打开高品质属性编辑器，将服装粒子间距调整为"5"，打开模拟，完成 Polo 衫高品质模拟。

图 4-2-16　Polo 衫齐色展示

（2）鼠标单击 3D 视窗左上角" （显示虚拟模特）"，隐藏虚拟模特；选择菜单"文件→快照→ 3D 视窗"，输出多角度视图；Polo 衫正、背面模拟图如图 4-2-17 和图 4-2-18 所示。

图 4-2-17　Polo 衫正面模拟　　图 4-2-18　Polo 衫背面模拟

二、运动短裤 2D 制板与 3D 试衣

随着全民运动健身的大力推广，户外健身运动被越来越多的人所青睐。随之而来的是运动类服饰的消费需求提升，越来越多的服装企业加入运动服饰研发行列，运动类服饰的设计、面料、板型、功能等也得到越来越深入的发展。

探讨一款男士运动短裤，如图 4-2-19 所示，轻便、宽松，便于搭配、方便运动。结构上

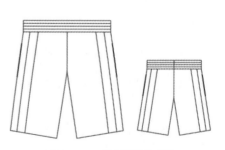

图 4-2-19　运动短裤款式图

采用松紧腰头、平插袋，主要结构部位尺寸如表 4-2-2 所示。

表 4-2-2　运动短裤主要部位规格尺寸（号型：170/74A）　　　　单位：cm

部位	臀围	裤长	股上长	裤口宽
尺寸	110	48	27	30

（一）运动短裤 2D 制板

1. 运动短裤基本结构处理

（1）打开富怡服装 CAD 系统 V8.0 设计与放码系统（RP-DGS），通过菜单"号型→号型编辑"打开号型规格表，对照表 4-2-2 规格尺寸编辑运动短裤尺寸。

（2）用"（矩形）"工具做一个矩形，宽为臀围 /2，高为股上长 –4cm。

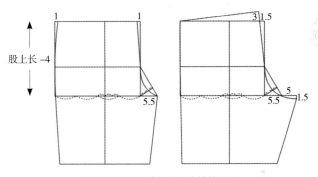

（3）按照裤子基本构成关系完成短裤结构处理，细部尺寸参照图 4-2-20。

图 4-2-20　运动短裤基本结构处理

2. 运动短裤 2D 制板（图 4-2-21）

（1）用"（剪断线）"和"（橡皮擦）"工具删除不必要线条，完成短裤基本结构。

（2）前、后侧缝分别取平插袋开口位置，袋口大小取"12cm"。

（3）用"（相交等距线）"工具，在前、后侧缝位置分别做侧缝拼接条。

（4）用"（矩形）"工具做腰头，长取"70cm"、宽取"4cm"；将腰头宽取四等分，做松紧带定位线。

（5）用"（剪断线）"和"（移动）"工具将前、后片及侧缝拼接条分离。

（6）用"（剪刀）"工具将各裁片裁剪为纸样裁片，鼠标右键转换为"拾取辅助线"工具，将腰头松紧定位线拾取为内部线；用"（布纹线）"工具调整各裁片布纹方向，完成运动短裤制板，如图 4-2-22 所示。

（7）通过菜单"文档→输出 ASTM 文件"输出另存为"运动短裤 .dxf"格式文件，方便与 3D 试衣软件系统对接。

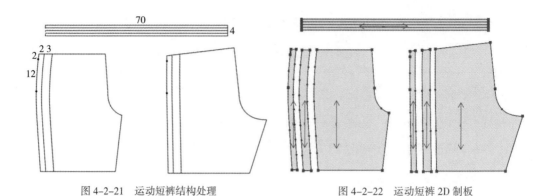

图 4-2-21　运动短裤结构处理　　　　　图 4-2-22　运动短裤 2D 制板

（二）运动短裤 3D 试衣

1. 人体模特和 2D 板片导入

（1）打开 CLO 3D 软件系统，在图库窗口双击"Avatar"打开模特库，双击"Male_V1"打开第一组男性模特界面，双击选择导入其中一名男性模特。通过菜单"虚拟模特→虚拟模特编辑器"打开虚拟模特编辑器，按照国标 170/74A 号型对应的男性人体尺寸对模特主要部位尺寸进行调整，使其符合运动短裤试衣的需要。

（2）通过菜单"文件→导入→ DXF（AAMA/ASTM）"导入运动短裤裁片文件（运动短裤 .dxf），选项中选择"打开""板片自动排列""优化所有曲线点"。

2. 2D 视窗板片处理

（1）鼠标单击系统界面右下角"2D"，显示 2D 视窗，根据 2D 视窗中人体模特剪影，重新安排运动短裤的 2D 板片位置。

（2）选择 2D 视窗工具栏中" （编辑板片）"工具，左键单击选中腰头后中线，单击右键弹出右键菜单，选择"对称展开编辑（缝纫线）"，将腰头板片对称补齐。

（3）选择 2D 视窗工具栏中" （调整板片）"工具，左键单击裤前片板片，按下"Shift"键，加选前片侧缝拼接条板片，单击右键弹出右键菜单，选择"对称板片（板片和缝纫线）"，对称复制板片，同时按下"Shift"键，将对称板片水平移动放置在合适位置；按照同样操作将裤后片板片和后片侧缝拼接条板片复制，并水平移动放置在合适位置。

（4）选择 2D 视窗工具栏中" （勾勒轮廓）"工具，左键点击选中腰头松紧带定位线，按下"Shift"键进行加选（被选中线呈黄色），单击右键弹出右键菜单，选择"勾勒为内部线 / 图形"，将其勾勒为内部线。

3. 3D 视窗板片安排

（1）腰头缝合设置：

①鼠标单击系统界面右下角"3D"，显示 3D 视窗，左键单击 3D 视窗工具栏中"[重置 2D 安排位置（全部）]"，按照 2D 视窗中的板片位置重置 3D 视窗中的板片位置。

②选择 2D 视窗工具栏中"（调整板片）"工具，框选除腰头以外的所有板片，在 3D 视窗中选中的板片上单击右键弹出右键菜单，选择"反激活"，将选中板片反激活。

③按键盘数字键"2"，显示虚拟模特正面视图，运用 3D 视窗工具栏中"（选择/移动）"工具选择腰头板片，放置在对应位置安排点；在右侧属性编辑器中调整"间距"（图 4-2-23），使腰头与人体模特处于合理位置。

图 4-2-23　腰头间距设置

④选择 2D 视窗工具栏中"（编辑板片）"工具，左键单击选择腰头松紧定位线，按下"Shift"键，加选所有定位线及腰头上边缘线；在右侧属性编辑器中设置"弹性"，线段长度设置为实际腰围尺寸，如图 4-2-24 所示。

⑤选择 2D 视窗工具栏中"（线缝纫）"工具，分别单击腰头后中线，将腰头后中缝缝合；左键单击 3D 视窗工具栏中"（模拟）"工具，或按下空格键，打开模拟，将腰头缝合。

⑥选择 2D 视窗工具栏中"（调整板片）"工具，左键单击选中腰头板片，单击右键弹出右键菜单，选择"克隆层（内侧）"，克隆内层腰头。

图 4-2-24　腰头弹性设置

⑦左键单击 3D 视窗工具栏中"（模拟）"工具，或按下空格键，打开模拟，完成腰头缝合。

（2）3D 视窗板片安排：

①选择 2D 视窗工具栏中"（调整板片）"工具，框选除腰头以外的所有板片，在 3D 视窗中的选中板片上单击右键弹出右键菜单，选择"激活"，将选中板片激活。

②选择 3D 视窗左上角"（显示虚拟模特）"中的"（显示安排点）"，打开虚拟模特安排点。

③按键盘数字键 "2"，显示虚拟模特正面视图，运用 3D 视窗工具栏中 "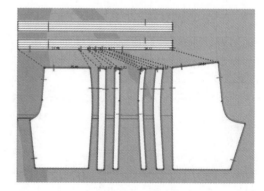（选择 / 移动）"工具依次选择前片、前侧缝拼接片，放置在对应位置点。

④按键盘数字键 "8"，显示虚拟模特背面视图，运用 3D 视窗工具栏中 "▪（选择 / 移动）"工具依次选择后片、后侧缝拼接片，放置在对应位置点。

⑤选择 3D 视窗左上角 "▪（显示虚拟模特）"中的 "▪（显示安排点）"，隐藏安排点，完成运动短裤板片的 3D 安排。

⑥运用 3D 视窗工具栏中 "▪（选择 / 移动）"工具，选择运动短裤板片，通过定位球调整各板片至合适位置。

4. 板片缝合设置

（1）板片基础部位缝合：

①选择 2D 视窗工具栏中 "▪（线缝纫）"工具，分别单击前、后片侧缝线和前、后侧缝拼接片对应侧缝线，完成前、后片与侧缝拼接片缝合设置；分别单击前、后侧缝拼接片对应侧缝线（注意袋口不缝合），完成前、后侧缝缝合设置；分别单击前、后片内缝线，完成前、后片内缝缝合设置。

②选择 2D 视窗工具栏中 "▪（自由缝纫）"工具，左键单击后片后中缝与腰围交点，沿后中缝向下至后裆弯止点单击，在另一片后中缝同样操作，完成后片后中缝及后裆弯缝合设置；左键单击前片前中缝与腰围交点，沿前中缝向下至前裆弯止点单击，在另一片前中缝同样操作，完成前片前中缝及前裆弯缝合设置。

（2）1：N 缝合：

本例中，涉及 1：N 缝合关系是腰头与前、后片及前、后侧缝拼接片的缝合关系。

①选择 2D 视窗工具栏中 "▪（自由缝纫）"工具，左键单击腰头前中点，沿腰线向右移动至后中点再次单击选中右侧腰线。

②按住 "Shift" 键，从前片的前中点单击，沿腰线向右依次单击前片侧点、前侧缝拼接片端点、后侧缝拼接片端点、后片侧点和后中点，松开 "Shift" 键，完成腰头与前、后片和前、后侧缝拼接片的缝合，如图 4-2-25 所示。

③通过 3D 视窗查看运动短裤的缝合设置，检查是否出现漏缝、错缝、缝纫交

图 4-2-25　1：N 缝合

叉等问题，并及时纠正，完成运动短裤板片缝合设置。

5. 3D 模拟试穿

（1）3D 模拟：

①鼠标单击系统界面右下角"3D"，显示 3D 视窗，选择 3D 视窗工具栏中"▨ᐩ（选择/移动）"工具，按"Ctrl + A"键选中所有板片，在选中板片上单击鼠标右键弹出右键菜单，选择"硬化"，将所有板片硬化处理。

②左键单击 3D 视窗工具栏中"▼（模拟）"工具，或按下空格键，打开模拟，运动短裤根据缝合关系进行模拟试穿，完成基本试穿效果，如图 4-2-26 所示。

③选择 3D 视窗工具栏中"▨ᐩ（选择/移动）"工具，按"Ctrl + A"组合键选中所有板片，在选中板片上单击鼠标右键弹出右键菜单，选择"解除硬化"，完成解除。

（2）设置明线：

图 4-2-26　硬化试穿效果

选择 2D 视窗工具栏中"▦ᐧᐧᐧ（线段明线）"工具，左键单击前片、前片侧缝拼接片、后片、后片侧缝拼接片的底摆线设置底摆明线；在右侧属性编辑器中设置明线属性。

（3）设置模特姿态：

在图库窗口双击"Avatar"打开模特库，双击"Male_V1"打开第一组男性模特界面，双击"Pose"打开模特姿态库，选择相应 Pose 进行 3D 试穿，效果以服装悬垂、无抖动为宜。

6. 面辅料设置

（1）面料属性设置：

①在图库窗口双击"Fabric"打开面料库，在面料库中挑选适合的面料。鼠标停留在某种面料上时，会显示该面料的成分、重量、厚度、纹理、颜色等基本物理属性。

②选中面料库中"Polyester_Taffeta"面料，左键双击添加到物体窗口；在右侧属性编辑器中设置颜色为灰色。

③按"Ctrl + A"组合键全选板片，右侧物体窗口中，在"Polyester_Taffeta"条目上点击"应用于选择的板片上"按钮，设置运动短裤的面料属性为"Polyester_Taffeta"。

④在右侧物体窗口选中"Polyester_Taffeta"条目，单击"复制"，复制一条"Polyester_Taffeta Copy1"条目，在属性编辑器中设置颜色为蓝色。

⑤选择 2D 视窗工具栏中"◢（调整板片）"工具，选中前、后侧缝拼接片，在

"Polyester_Taffeta Copy1" 条目上点击 "应用于选择的板片上" 按钮，设置拼接片的面料属性为 "Polyester_Taffeta Copy1"。

（2）贴图设置：

①选择 3D 视窗工具栏中 "（贴图）" 工具，打开贴图文件，在前片板片上单击增加贴图。

②选择 3D 视窗工具栏中 "（调整贴图）" 工具，在右侧属性编辑器中将贴图颜色设置为灰色，并对贴图大小、位置等进行调整。

7. 成衣展示

（1）选择 3D 视窗工具栏中 "（提高服装品质）" 工具，打开高品质属性编辑器，将服装粒子间距调整为 "5"，打开模拟，完成运动短裤高品质模拟。

（2）选择菜单 "文件→快照→3D 视窗"，输出多角度视图；运动短裤正、背面模拟图如图 4-2-27 和图 4-2-28 所示。

图 4-2-27　运动短裤正面模拟　　图 4-2-28　运动短裤背面模拟

三、男衬衫 2D 制板与 3D 试衣

男衬衫（Shirt）作为较早出现的服装形制之一，时至今日依然是男士衣橱中最常见的服装品类。最早的衬衫是作为内衣出现的，穿于贴身内衣和外衣之间，是一种无领无袖的服装。随着经济社会的发展和人们穿衣习惯的改变，衬衫凭借其出色的功能性、文化性和时尚性，成为世界范围内流行且通用的服装形制之一。随着面料、图案、款式、工艺的发展，衬衫的种类和造型也越来越丰富，出现了适合不同场合穿着的品类，如礼服衬衫、时装衬衫、休闲衬衫、运动衬衫等。

本例为一款普通男衬衫，是男衬衫的典型款式，如图 4-2-29 所示。明门襟，

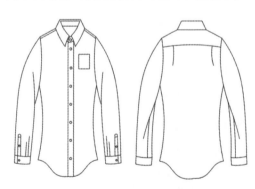

图 4-2-29　男衬衫款式图

分体企领，长袖、袖口设剑型袖衩，过肩设计，左胸设胸袋，其主要结构部位尺寸如表 4-2-3 所示。

表 4-2-3　男衬衫主要部位规格尺寸（号型：170/88A）　　　　单位：cm

部位	胸围	领围	衣长	袖长	袖口宽
尺寸	105	40	78	59.5	24

（一）男衬衫 2D 制板

1. 男装原型导入

打开富怡服装 CAD 系统 V8.0 设计与放码系统（RP-DGS），通过菜单"文档→打开"或快捷工具栏"（打开）"工具，打开男装上衣原型文件；通过菜单"号型→号型编辑"打开号型规格表，对照表 4-2-3 规格尺寸编辑男衬衫尺寸。

2. 男衬衫 2D 制板

（1）原型基础结构处理（图 4-2-30）：

①根据胸围尺寸，将前片侧缝内收"1.5cm"。

②根据领围尺寸，取"领围/5-0.5cm"截取后领宽，确定后颈点，并与后肩点连接重新确定后肩线。

③参照后领宽尺寸取前领宽，以"后领宽 + 1cm"确定前领深，重新修正前领口曲线；依据后肩线长度截取确定前肩线长度。

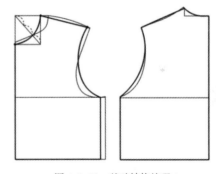

图 4-2-30　基础结构处理

④重新修正前、后袖窿曲线。

⑤用"✂（剪断线）"和"✐（橡皮擦）"工具删除不必要线条，形成调整后的上衣原型。

（2）衣身结构处理：

①后中线向下按照衣长尺寸 78cm 延长，用"✐（智能笔）"工具右键拖动至侧缝与腰围线交点向下，完成后片加长；前片参照后片对应处理；前、后侧缝各做"0.7cm"收腰和"1cm"收摆处理，修顺侧缝线。

②后侧缝向上取"6cm"，重新修正摆围线，前片参照同步处理。

③用"🗇（相交等距线）"工具在前片截取"3.5cm"过肩量；后中线从后颈点向下取"6cm"，做水平分割线，完成后片过肩设计。

④用"✂（剪断线）"和"▦（移动）"工具将前、后过肩分离；用"🖐（对接）"工具沿肩线将前、后过肩拼合，如图 4-2-31 所示。

⑤以前中线为基准，做"3.5cm"宽明门襟，并在门襟上确定扣位；以胸围线为基准，在左前片做长"11cm"、宽"10cm"的胸袋（图 4-2-32）。

⑥用"🚗（等分规）"工具将后片过肩线三等分，用"🖊（智能笔）"工具在靠近侧缝的第一个等分点向下作竖直线与衣摆相交；用"▨（褶展开）"工具在该竖直线处做"2cm"刀褶，如图 4-2-32 所示。

（3）衣领、衣袖结构处理：

①用"📏（比较长度）"工具量取衣身前、后领长度和，记作"NL/2"；按图 4-2-33 所示的尺寸完成企领结构处理。

②用"📏（比较长度）"工具量取衣身前、后袖窿长度，分别记作"前 AH"和"后 AH"；按照一片袖结构处理方法，参照图 4-2-34 完成衣袖结构处理。

③在后袖片袖口中点处做开衩"11cm"，并在距离开衩位置"2cm"处设置两个"3cm"大小的褶。

④按照剑形袖衩造型完成袖衩处理。

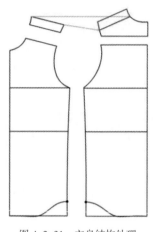

图 4-2-31　衣身结构处理

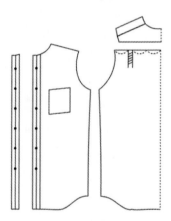

图 4-2-32　门襟、胸袋、刀褶结构处理

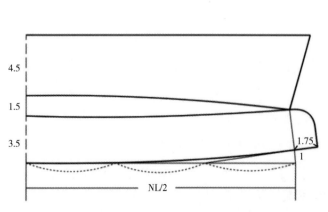

图 4-2-33　衣身结构处理

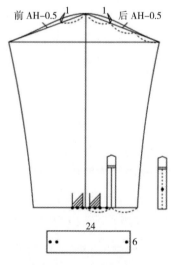

图 4-2-34　衣袖结构处理

（4）男衬衫 2D 制板：

①用""和""工具删除不必要线条，修顺各轮廓线。

②用""工具将衣领、后片、过肩对称处理。

③用""工具将各裁片裁剪为纸样裁片，鼠标右键转换为"拾取辅助线"工具，将前片门襟、口袋、后片褶、领翻折线、袖衩及褶等内部线拾取。

④用""工具在门襟中线、领口、袖克夫进行扣位定位；用""工具调整各裁片布纹方向，完成男衬衫 2D 制板，如图 4-2-35 所示。

⑤通过菜单"文档→输出 ASTM 文件"输出另存为"男衬衫 .dxf"格式文件，方便与 3D 试衣软件系统对接。

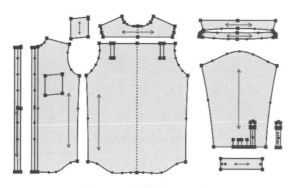

图 4-2-35　男衬衫 2D 制板

（二）男衬衫 3D 试衣

1. 人体模特和 2D 板片导入

（1）打开 CLO 3D 软件系统，在图库窗口双击"Avatar"打开模特库，双击"Male_V1"打开第二组男性模特界面，双击选择导入其中一名男性模特。通过菜单"虚拟模特→虚拟模特编辑器"打开虚拟模特编辑器，按照国标 170/88A 号型对应的男性人体规格尺寸对模特主要部位尺寸进行调整，使其符合男衬衫试衣的需要。

（2）通过菜单"文件→导入→ DXF（AAMA/ASTM）"导入男衬衫裁片文件（男衬衫 .dxf），选项中选择"打开""板片自动排列""优化所有曲线点"。

2. 2D 视窗板片处理

（1）鼠标单击系统界面右下角"2D"，显示 2D 视窗，根据 2D 视窗中人体模特剪影，重新安排男衬衫的 2D 板片位置。

（2）选择 2D 视窗工具栏中""工具，左键单击选中前片、衣袖、袖克夫、袖衩板片，单击右键弹出右键菜单，选择"对称板片（板片和缝纫线）"，对称复制板片，同时按下"Shift"键，将对称板片水平移动放置在合适位置。

（3）选择 2D 视窗工具栏中"▰（调整板片）"工具，左键单击选中右前片，单击右键弹出右键菜单，选择"解除联动"，解除与左前片的联动关系。

（4）选择 2D 视窗工具栏中"▰（勾勒轮廓）"工具，左键点击选中左前片内部的门襟、口袋等内部线，同时按下"Shift"键进行加选（被选中线呈黄色）；单击右键弹出右键菜单，选择"勾勒为内部线 / 图形"，将其勾勒为内部线（勾勒完成褶线呈红色）；按照同样操作，将后片褶位、袖片袖衩、袖口褶位等勾勒为内部线。

（5）选择 2D 视窗工具栏中"▰（勾勒轮廓）"工具，左键点击选中袖片袖口开衩位置，单击右键弹出右键菜单，选择"切断"，将开衩处剪开。

（6）选择 2D 视窗工具栏中"▰（加点 / 分线）"工具，在后片褶位取中点，如图 4-2-36 所示，选择 2D 视窗工具栏中"▰（内部多边形 / 线）"工具，按下"Shift"键从中点处竖直向下添加褶中线；同样操作完成袖口褶的处理。

（7）选择 2D 视窗工具栏中"▰（编辑板片）"工具，左键点击选中后片两个褶的中线（同时按下"Shift"键进行加选，被选中褶线呈黄色），在右侧属性窗口中将折叠角度设置为"360"，如图 4-2-37 所示；按照同样操作将袖片的褶中线折叠角度设置为"360"。

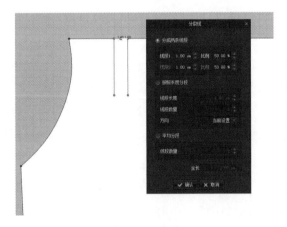

图 4-2-36　加点　　　　　　　　　图 4-2-37　折叠角度设置

（8）选择 2D 视窗工具栏中"▰（编辑板片）"工具，左键点击选后片两个褶的两边线（同时按下"Shift"键进行加选，被选中褶线呈黄色），在右侧属性窗口中将折叠角度设置为"0"；按照同样操作，将袖片的褶两边线折叠角度设置为"0"。

3. 3D 视窗板片安排

（1）鼠标单击系统界面右下角"3D"，显示 3D 视窗，左键单击 3D 视窗工具栏中
"▦ [重置 2D 安排位置（全部）]"，按照 2D 视窗中的板片位置重置 3D 视窗中的板片
位置。

（2）选择 3D 视窗左上角"▦（显示虚拟模特）"中的"▦（显示安排点）"，打开
虚拟模特安排点。

（3）按键盘数字键"2"，显示虚拟模特正面视图，运用 3D 视窗工具栏中"▦
（选择 / 移动）"工具依次选择右前片、左前片、门襟、口袋，放置在对应位置安排点，
注意将门襟、口袋放置在左前片外侧。

（4）按键盘数字键"8"，显示虚拟模特背面视图，运用 3D 视窗工具栏中"▦
（选择 / 移动）"工具依次选择后片、过肩、领座、领面放置在对应位置安排点；按下鼠
标右键旋转虚拟模特至合适位置，将袖片、袖克夫、袖衩放置在对应位置安排点，注意
袖衩应放置在袖片外侧。

（5）选择 3D 视窗左上角"▦（显示虚拟模特）"中的"▦（显示安排点）"，隐藏
安排点，完成男衬衫板片的 3D 安排。

（6）运用 3D 视窗工具栏中"▦（选择 / 移动）"工具，选择男衬衫板片，通过定
位球调整各板片至合适位置。

4. 板片缝合设置

（1）褶的缝合：

①鼠标单击系统界面右下角"3D/2D"，同时显示
3D 和 2D 视窗，根据需要随时调整 2D 视窗与 3D 视
窗大小关系，方便随时查看缝合状态。

②选择 2D 视窗工具栏中"▦（线缝纫）"工
具，对每个褶进行缝合设置，先从褶的中点向左右两
侧缝合，再根据褶的倒向以同样的方法在褶的端点向
左右等长缝合，如图 4-2-38 所示。

（2）口袋、门襟、袖衩的缝合：

①选择 2D 视窗工具栏中"▦（线缝纫）"工
具，将口袋放在左前片口袋标记位进行缝合，注意口
袋上口不缝合。

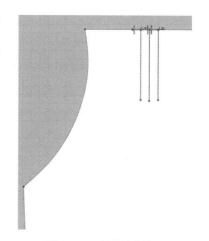

图 4-2-38　褶的缝合设置

②选择 2D 视窗工具栏中"■（自由缝纫）"工具，将门襟放在左前片门襟标记位进行缝合。

③选择 2D 视窗工具栏中"■（线缝纫）"工具和"■（自由缝纫）"工具，将袖衩放在袖片袖衩标记位进行缝合，如图 4-2-39 所示。注意将袖衩与袖片开口的一边（靠近袖前片的那侧）进行缝合。

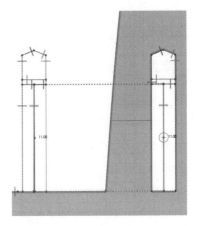

图 4-2-39　袖衩缝合设置

（3）板片基础部位缝合：

①选择 2D 视窗工具栏中"■（线缝纫）"工具，分别单击前、后片侧缝线完成前、后侧缝对位缝合；分别单击前、后片肩线完成肩线对位缝合；分别单击衣袖侧缝线，完成衣袖侧缝对位缝合。

②选择 2D 视窗工具栏中"■（自由缝纫）"工具，左键单击领面下口线左端点，向右移动至右端点再次单击；再左键单击领座上口线左端点，向右移动至右端点再次单击，完成领面与领座缝合设置。

（4）1：N 缝合：

本例中，涉及 1：N 缝合关系的包括：过肩与后片的缝合、领座与衣身的缝合、袖克夫与衣袖的缝合、衣袖与衣身缝合。

①选择 2D 视窗工具栏中"■（自由缝纫）"工具，左键单击过肩分割线左端点，沿分割线移动至右端点单击，选中过肩分割线。

②按住"Shift"键，在后片分割线左端点单击，沿分割线向右移动至第一个褶左端点单击；跳过第一个褶，在第一个褶右端点单击，沿分割线向右移动至第二个褶左端点单击；跳过第二个褶，在第二个褶右端点单击，沿分割线向右移动至分割线右端点单击；松开"Shift"键，完成过肩与后片的缝合，如图 4-2-40 所示。

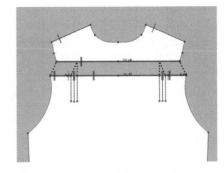

图 4-2-40　过肩 1：N 缝合

③选择 2D 视窗工具栏中"■（自由缝纫）"工具，左键单击领座底线左端点，沿底线移动至右端点单击，选中领座底线。

④按住"Shift"键，在左前片领口前颈点单击，沿领口线移动至侧颈点；在过肩领口左端点单击，沿领口线移动至右端点单击；再在右前片侧颈点单击，沿领口线移动至

前颈点单击；松开"Shift"键，完成领座与衣身的缝合。

⑤选择 2D 视窗工具栏中"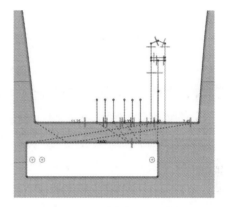（自由缝纫）"工具，左键单击袖克夫缝合线右端点，沿缝合线移动至左端点单击，选中缝合线。

⑥按住"Shift"键，在衣袖袖口与袖衩交点单击，沿衣袖袖口向左移动至第一个褶右端点单击；跳过第一个褶，在第一个褶左端点单击，沿衣袖袖口向左移动至第二个褶右端点单击；跳过第二个褶，在第二个褶左端点单击，沿衣袖袖口移动至袖口与侧缝交点单击；再单击另一侧缝与袖口交点，沿袖口向左移动至袖口与袖衩交点处单击；松开"Shift"键，完成袖克夫与衣袖的缝合，如图 4-2-41 所示。

图 4-2-41　袖克夫 1：N 缝合

⑦选择 2D 视窗工具栏中"（自由缝纫）"工具，左键单击左袖片袖山线左端点，沿袖山线移动至右端点单击，选中袖山线。

⑧按住"Shift"键，单击左前片袖窿底点，沿袖窿线移动至肩点单击；然后单击过肩左肩点，沿袖窿移动至与分割线交点单击；再单击后片袖窿与分割线交点，沿袖窿移动至袖窿底点单击；松开"Shift"键，完成左袖片与衣身的缝合，如图 4-2-42 所示；同样操作完成右袖片与衣身的缝合。

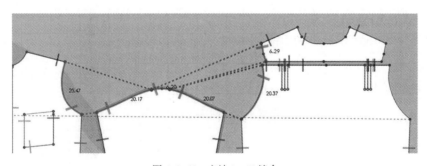

图 4-2-42　衣袖 1：N 缝合

⑨通过 3D 视窗查看男衬衫的缝合设置，检查是否出现漏缝、错缝、缝纫交叉等问题，并及时纠正。

5. 3D 模拟试穿

（1）3D 模拟：

①鼠标单击系统界面右下角"3D"，显示 3D 视窗，选择 3D 视窗工具栏中"

（选择 / 移动）"工具，按"Ctrl + A"选中所有板片，在选中板片上单击鼠标右键弹出右键菜单，选择"硬化"，将所有板片硬化处理。

②左键单击 3D 视窗工具栏中"（模拟）"工具，或按下空格键，打开模拟，男衬衫根据缝合关系进行模拟试穿，完成基本试穿效果。

③选择 3D 视窗工具栏中"（折叠安排）"工具，单击选中衣领翻折线，将衣领翻折，如图 4-2-43 所示；单击 3D 视窗工具栏中"（模拟）"工具，或按下空格键，打开模拟，完成衣领翻折。

④选择 3D 视窗工具栏中"（选择 / 移动）"工具，按"Ctrl + A"选中所有板片，在选中板片上单击鼠标右键弹出右键菜单，选择"解除硬化"，完成解除。

⑤选择 3D 视窗工具栏中"（熨烫）"工具单击左前片，再单击门襟，将门襟与左前片熨烫平整，如图 4-2-44 所示。

图 4-2-43　衣领翻折

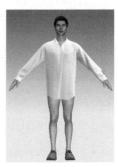
图 4-2-44　门襟熨烫

（2）设置纽扣：

①选择 3D 视窗工具栏中"（纽扣）"工具，在 2D 视窗右前片板片、衣领领座上纽扣位置添加纽扣，并在右侧属性编辑器中编辑纽扣相应属性。

②选择 3D 视窗工具栏中"（扣眼）"工具，在 2D 视窗门襟板片、衣领领座上扣眼位置添加扣眼，并在右侧属性编辑器中编辑扣眼相应属性。

③选择 3D 视窗工具栏中"（选择 / 移动纽扣）"工具，选中门襟上所有扣眼，在右侧属性编辑器中将角度设置为"90"。

④选择 3D 视窗工具栏中"（系纽扣）"工具，在 2D 视窗分别单击纽扣和对应的扣眼进行系纽扣，如图 4-2-45 所示。

⑤选择 3D 视窗工具栏中"（纽扣）"工具，在 2D 视窗袖克夫板片上纽扣位置添加纽扣，并在右

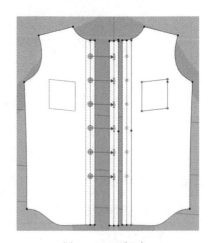
图 4-2-45　系纽扣

侧属性编辑器中编辑纽扣相应属性。

⑥选择 3D 视窗工具栏中"█▬█（扣眼）"工具，在 2D 视窗袖克夫板片上扣眼位置添加扣眼，并在右侧属性编辑器中编辑扣眼相应属性。

⑦选择 3D 视窗工具栏中"█▮❶█（系纽扣）"工具，在 2D 视窗分别单击纽扣和对应的扣眼进行系纽扣。

⑧左键单击 3D 视窗工具栏中"█▼█（模拟）"工具，或按下空格键，打开模拟，在 3D 视窗中纽扣系好，如图 4-2-46 所示。

（3）设置粘衬、双层：

①选择 2D 视窗工具栏中"█◢█（调整板片）"工具，按下"Shift"键将领面、领座、门襟、袖克夫、袖衩等板片选中，在右侧属性编辑器中，选中"粘衬 / 削薄"选项中的"粘衬"，为上述板片设置粘衬。

②选择 2D 视窗工具栏中"█◢█（调整板片）"工具，选中过肩板片，点击右键弹出右键菜单，选择"克隆层 / 内侧"，设置过肩为双层材料；同样操作设置领座、领面、袖克夫为双层。

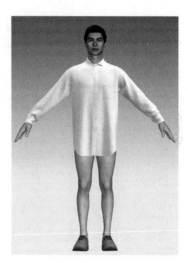

图 4-2-46　纽扣系好

（4）设置模特姿态：在图库窗口双击"Avatar"打开模特库，双击"Male_V2"打开第二组男性模特界面，双击"Pose"打开模特姿态库，选择相应 Pose 进行 3D 试穿，效果以服装悬垂、无抖动为宜。

6. 面辅料设置

（1）面料属性设置：

①在图库窗口双击"Fabric"打开面料库，在面料库中挑选适合的面料。鼠标停留在某种面料上时，会显示该面料的成分、重量、厚度、纹理、颜色等基本物理属性。

②选中面料库中"Cotton_Gabardine"面料，左键双击添加到物体窗口。

③切换至 2D 视窗，按"Ctrl + A"组合键全选板片，右侧物体窗口中，在"Cotton_Gabardine"条目上点击"应用于选择的板片上"按钮，设置男衬衫的面料属性为"Cotton_Gabardine"。

（2）面料纹理设置：

①选中物体窗口"Cotton_Gabardine"条目，在属性编辑器中的面料纹理设置对应

"Color"贴图，颜色设置为"Serenity"，如图 4-2-47 所示。

②选择 3D 视窗工具栏中"（编辑纹理）"工具，鼠标单击男衬衫板片，在右上角调整阀中调整纹理至合适大小，如图 4-2-48 所示。

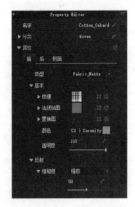

图 4-2-47　纹理属性设置　　　　图 4-2-48　纹理编辑

③选择物体窗口中"纽扣"条目，在属性编辑器中单击"颜色"编辑条目，打开"颜色"编辑器，鼠标选中"（拾色器）"工具，在门襟上单击，将衬衫颜色设置为纽扣颜色；同样操作设置扣眼颜色。

7. 成衣展示

（1）选择 3D 视窗工具栏中"（提高服装品质）"工具，打开高品质属性编辑器，将服装粒子间距调整为"5"，打开模拟，完成男衬衫高品质模拟。

（2）鼠标单击 3D 视窗左上角"（显示虚拟模特）"，隐藏虚拟模特；选择菜单"文件→快照→3D 视窗"，输出多角度视图，男衬衫正、背面模拟图分别如图 4-2-49、图 4-2-50 所示。

图 4-2-49　男衬衫正面模拟　　　图 4-2-50　男衬衫背面模拟

第五章

服装 CAD 应用
——提高篇

第一节　育克褶裙 2D 制板与 3D 试衣

第二节　高腰连衣裙 2D 制板与 3D 试衣

第三节　女西装 2D 制板与 3D 试衣

第四节　套装组合 3D 试衣

第一节 》 育克褶裙 2D 制板与 3D 试衣

　　裙装是女装中款式变化较丰富的一类，也是板型设计最典型的服装种类之一。褶是服装款式造型和结构设计的重要方法，在裙装中的应用十分广泛。褶按照形成方式可分为自然褶和规律褶两大类，自然褶又可分为波形褶和缩褶两种，规律褶则可分为普利特褶（Plait）和塔克褶（Tuck）两种。

　　规律褶通常需要通过外力（熨烫、缝纫等）来保持定型，结构处理上往往结合分割处理，在指定位置设计指定大小、指定形态的褶。从服装构成形式上看，普利特褶（Plait）一般是褶的数量较多而单个褶量较小并通过缝纫进行定型；塔克褶（Tuck）一般是褶的数量较少而单个褶量较大并通过熨烫定型。

　　讨论一款育克褶裙，款式如图 5-1-1 所示。结构上采用横向育克分割，形成育克裙。分割线以下设计塔克褶（Tuck），分割线以上前片部分竖向分割并设计横向碎褶。各部位规格尺寸如表 5-1-1 所示。

图 5-1-1　育克褶裙款式图

表 5-1-1　育克褶裙主要部位规格尺寸（号型：160/68A）　　　单位：cm

部位	腰围	臀围	裙长
尺寸	68	90	45

一、育克褶裙 2D 制板

（一）裙装原型导入

　　打开富怡服装 CAD 系统 V8.0 设计与放码系统（RP-DGS），通过菜单"文档→打开"或快捷工具栏" 🖾 （打开）"工具，打开裙装原型文件；通过菜单"号型→号型编辑"打开裙装原型号型规格表查看裙装原型号型规格，对照表 5-1-1 育克褶裙尺寸重新设置裙长尺寸。

（二）育克褶裙 2D 制板

　　（1）连接裙后片省尖点，两侧延长分别与后中线和后侧缝相交，完成后片育克分割设计；用 "🔧（比较长度）" 工具分别量取后片育克分割线在后中线和后侧缝的长度，前片前中线和前侧缝对应截取，用 "✏️（智能笔）" 工具顺序连接完成裙前片育克分割设计（图 5-1-2）。

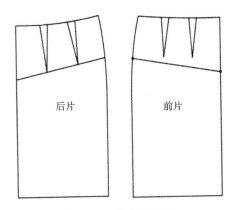

图 5-1-2 育克分割设计

（2）用 "✂️（剪断线）" 工具将前、后育克与前后中线、前后侧缝相交处剪断，用 "🔀（移动）" 工具将前、后育克与裙身分离；将前片两个省尖点下降至分割线，重新设置前片省位。

（3）依据款式，将前片育克从靠近前中线的省位断开，形成竖向分割；用 "🔄（旋转）" 工具将前后育克省位合并，修顺腰线和分割线，如图 5-1-3 所示；用 "▨（褶展开）" 工具对前育克部分进行碎褶处理，设置如图 5-1-4 所示。

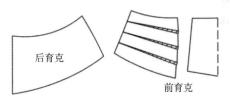

图 5-1-3 育克结构处理

（4）用 "▨（褶展开）" 工具分别对前、后裙片进行塔克褶（Tuck）处理。设计 "3cm" 腰头，完成育克褶裙裁片分解（图 5-1-5）。

（5）用 "🔲（相交等距线）" 工具对前育克中片进行纽扣定位设置，做一条与该片侧边线平行并与上下两边相交的线，距离设置为 "1.5cm"，如图 5-1-6 所示；用 "🔧（等份规）" 工具将新作的线四等分，确定扣位。

图 5-1-4 碎褶设置

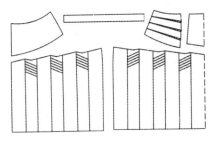

图 5-1-5 塔克褶处理

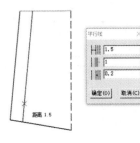

图 5-1-6 设置扣位线

（6）用 "✂️（剪刀）" 工具将各裁片裁剪为纸样裁片，鼠标右键转换为 "拾取辅助线" 工具，将各裁片内部的褶位拾取；用 "⚫（钻孔）" 工具在前育克扣位进行扣位定位，如图 5-1-7 所示；用 "📋（布纹线）" 工具调整各裁片布纹方向，完成育克褶裙

2D 制板，如图 5-1-8 所示。

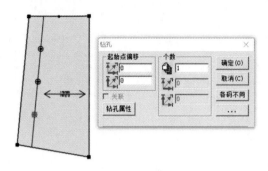

图 5-1-7　设置扣位

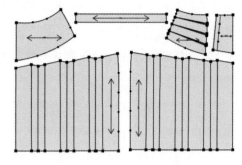

图 5-1-8　育克褶裙 2D 制板

（7）通过菜单"文档→输出 ASTM 文件"输出另存为"育克褶裙 .dxf"格式文件，以方便与 3D 试衣软件系统对接。

二、育克褶裙 3D 试衣

（一）人体模特和 2D 板片导入

（1）打开 CLO 3D 软件系统，在图库窗口双击"Avatar"打开模特库，双击"Female_V1"打开第一组女性模特界面，双击选择导入其中一名女性模特。通过菜单"虚拟模特→虚拟模特编辑器"打开虚拟模特编辑器，按照国标 160/68A 号型对应的女性人体尺寸对模特主要部位尺寸进行调整，使其符合育克褶裙试衣的需要。

（2）通过菜单"文件→导入→ DXF（AAMA/ASTM）"导入育克褶裙裁片文件（育克褶裙 .dxf），选项中选择"打开""板片自动排列""优化所有曲线点"。

（二）2D 视窗板片处理

（1）鼠标单击系统界面右下角"2D"，显示 2D 视窗，根据 2D 视窗中人体模特剪影，重新安排育克褶裙的 2D 板片位置。

（2）选择 2D 视窗工具栏中" ▨ （编辑板片）"工具，左键单击选中腰头前中线，单击右键弹出右键菜单，选择"对称展开编辑（缝纫线）"，将腰头裁片对称补齐；按照同样操作将前育克和裙前片对称补齐。

（3）选择 2D 视窗工具栏中" ◢ （调整板片）"工具，左键单击选中前育克板片，单击右键弹出右键菜单，选择"对称板片（板片和缝纫线）"，对称复制前育克板片，同时按下"Shift"键，将对称板片水平移动放置在合适位置；按照同样操作将后育克和后前片对称复制，并水平移动放置在合适位置。

（4）选择 2D 视窗工具栏中 "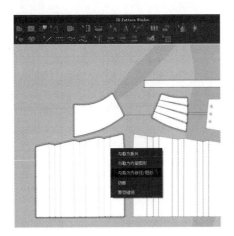（勾勒轮廓）" 工具，左键点击选中后裙片内部褶线，同时按下 "Shift" 键进行加选（被选中褶线呈黄色），单击右键弹出右键菜单，选择 "勾勒为内部线 / 图形"（图 5-1-9），将褶线勾勒为内部线（勾勒完成褶线呈红色）；按照同样操作将前裙片、前育克内部褶线勾勒为内部线。

（5）选择 2D 视窗工具栏中 "（编辑板片）" 工具，左键点击选中后裙片三个褶的中线（同时按下 "Shift" 键进行加选，被选中褶线呈黄色），在右侧属性窗口将折叠角度设置为 "360"，如图 5-1-10 所示；按照同样操作将前裙片、前育克的褶中线折叠角度设置为 "360"。

图 5-1-9　勾勒为内部线 / 图形　　　　图 5-1-10　设置褶折叠角度

（6）选择 2D 视窗工具栏中 "（编辑板片）" 工具，左键点击选中后裙片三个褶的两边线，并同时按下 "Shift" 键进行加选（被选中褶线呈黄色），在右侧属性窗口中将折叠角度设置为 "0"；按照同样操作将前裙片、前育克的褶两边线折叠角度设置为 "0"，结果如图 5-1-11 所示。

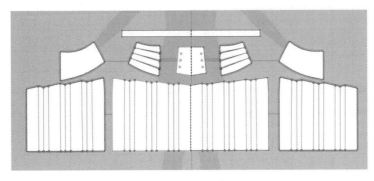

图 5-1-11　褶的折叠角度设置

（三）3D 视窗板片安排

（1）鼠标单击系统界面右下角"3D"，显示 3D 视窗，左键单击 3D 视窗工具栏中"▦[重置 2D 安排位置（全部）]"，按照 2D 视窗中的板片位置重置 3D 视窗中的板片位置。

（2）选择 3D 视窗左上角"▣（显示虚拟模特）"工具中的"❋（显示安排点）"，打开虚拟模特安排点。

（3）按键盘数字键"2"，显示虚拟模特正面视图，运用 3D 视窗工具栏中"➤（选择 / 移动）"工具依次选择腰头、前育克、裙前片，放置在对应位置，如图 5-1-12 所示。

（4）按键盘数字键"8"，显示虚拟模特背面视图，运用 3D 视窗工具栏中"➤（选择 / 移动）"工具依次选择后育克、裙后片，放置在对应位置，如图 5-1-13 所示。

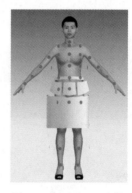 

图 5-1-12　3D 正面安排　　　图 5-1-13　3D 背面安排

（5）选择 3D 视窗左上角"▣（显示虚拟模特）"工具中的"❋（显示安排点）"，隐藏安排点，完成育克褶裙板片的 3D 安排。

（6）运用 3D 视窗工具栏中"➤（选择 / 移动）"工具，选择育克褶裙板片，通过定位球调整各板片至合适位置。

（四）板片缝合设置

1. 褶的缝合

（1）鼠标单击系统界面右下角"3D/2D"，同时显示 3D 和 2D 视窗，根据需要随时调整 2D 视窗与 3D 视窗大小关系，方便随时查看缝合状态。

（2）选择 2D 视窗工具栏中"▦（线缝纫）"工具，对每个褶进行缝合设置，缝合设置方法如图 5-1-14 所示，即每个褶所涉及的三段缝合线缝合设置为：a 与 b 按图示箭头方向缝合，b 与 c 按图示箭尾方向缝合。

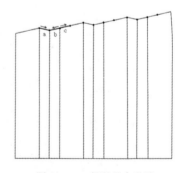

图 5-1-14　褶的缝合设置

（3）前育克的碎褶需要将褶两边线互相缝合，选择 2D 视窗工具栏中"▨（线缝纫）"工具，分别单击对应碎褶的两边线完成缝合设置，如图 5-1-15 所示，注意缝合方向保持一致，不要交叉。

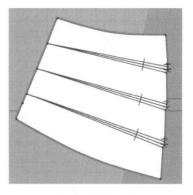

图 5-1-15　碎褶缝合

2. 板片基础部位缝合

（1）选择 2D 视窗工具栏中"▨（线缝纫）"工具，分别单击前、后裙片侧缝线完成裙片侧缝缝合；分别单击后裙片后中线完成裙片后中线缝合。

（2）选择 2D 视窗工具栏中"▨（自由缝纫）"工具，左键单击后育克侧缝上端点，向下移动至侧缝下端点再次单击，再对应单击前育克侧缝上端点，向下移动至侧缝下端点再次单击，完成育克侧缝缝合。

3.1：N 缝合

本例中涉及 1：N 缝合关系的缝合有前育克中片与侧片的缝合、后育克与后裙片在育克分割位置的缝合以及腰头与前、后育克的缝合。

（1）选择 2D 视窗工具栏中"▨（自由缝纫）"工具，如图 5-1-16 所示，左键单击前育克中片左侧边线上端点，向下移动至左侧边线下端点，再次单击选中前育克中片右侧边线上端点，向下移动至右侧边线下端点。

（2）按住"Shift"键，从前育克侧片对应育克中片侧边线上端点单击，沿侧边线向下移动至第一个碎褶上端点再次单击；跳过第一个碎褶，从第一个碎褶下端点单击，沿侧边线向下移动至第二个碎褶上端点再次单击，依此类推直至侧边线下端点单击，松开"Shift"键，完成前育克中片与侧片的缝合（图 5-1-16）。

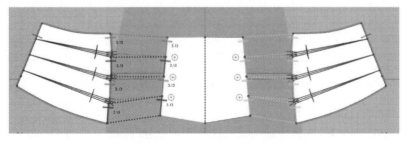

图 5-1-16　育克部位 1：N 缝合

（3）选择 2D 视窗工具栏中"▨（自由缝纫）"工具，左键单击后育克分割线起点，沿育克分割线向右移动至终点再次单击选中育克分割线。

（4）按住"Shift"键，从后裙片育克分割线与侧缝交点点击，沿育克分割线向右移动至第一个褶左端点再次单击，跳过第一个褶，然后从第一个褶右端点单击，沿育克分割线向右移动至第二个褶左端点再次单击；依此类推直至后裙片育克分割线与后中交点单击，松开"Shift"键，完成后育克与后裙片的缝合。

（5）选择 2D 视窗工具栏中"（自由缝纫）"工具，左键单击腰头前中点，沿腰线向右移动至后中点再次单击选中右侧腰线。

（6）按住"Shift"键，从前育克中片前中点单击，沿腰线向右依次单击前育克中片侧点、前育克侧片两个端点以及后育克两个端点，松开"Shift"键，完成腰头与前、后育克的缝合，如图 5-1-17 所示。

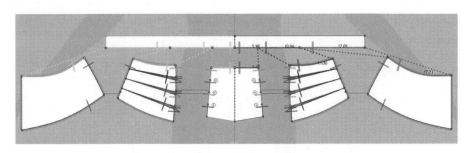

图 5-1-17　腰头部位 1∶N 缝合

4.M∶N 缝合

M∶N 缝合是指多条缝纫边"M"与多条缝纫边"N"进行对应缝合的缝合方式，在服装缝纫中也十分常见。在本例中，涉及 M∶N 缝合关系主要是前育克与前裙片在育克分割位置的缝合。

（1）选择 2D 视窗工具栏中"（M∶N 自由缝纫）"工具，左键单击前育克中片育克分割线与前中线交点，沿育克分割线向右依次单击前育克中片侧点、前育克侧片两个端点，按下回车键完成 M 部分缝纫设置。

（2）从前裙片育克分割线与前中线交点单击，沿育克分割线向右移动至第一个褶左端点再次单击，跳过第一个褶，再从第一个褶右端点单击，沿育克分割线向右移动至第二个褶左端点再次单击；依此类推直至前裙片育克分割线与前侧缝交点单击，按下回车键完成 N 条缝纫边设置，这样就完成前育克与前裙片在育克分割位置的缝纫，如图 5-1-18 所示。

最后，通过 3D 视窗查看育克褶裙的缝合设置，检查是否出现漏缝、错缝、缝纫交叉等问题，并及时纠正。

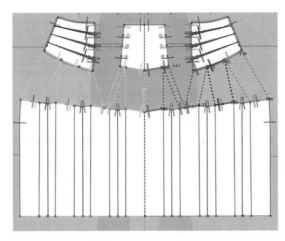

图 5-1-18 M：N 缝合

（五）3D 模拟试穿

1. 3D 模拟

（1）鼠标单击系统界面右下角"3D"，显示 3D 视窗，选择 3D 视窗工具栏中" " "（选择 / 移动）"工具，按"Ctrl+A"组合键选中所有板片，在选中板片上单击鼠标右键弹出右键菜单，选择"硬化"，将所有板片硬化处理。

（2）为防止模拟时育克褶裙掉落，可用" " "（线缝纫）"工具将腰头后中线缝合。左键单击 3D 视窗工具栏中" " "（模拟）"工具，或按下空格键，打开模拟，根据缝合关系进行育克褶裙模拟试穿，完成基本试穿效果。

（3）选择 3D 视窗工具栏中" " "（选择 / 移动）"工具，按"Ctrl+A"组合键选中所有板片，在选中板片上单击鼠标右键弹出右键菜单，选择"解除硬化"，完成解除。

（4）鼠标单击系统界面右下角"2D"，显示 2D 视窗，选择 2D 视窗工具栏中" " "（调整板片）"工具，左键单击选中腰头，单击右键弹出右键菜单，选择"克隆层（内侧）"，克隆内层腰头；鼠标单击系统界面右下角"3D"，显示 3D 视窗，左键单击 3D 视窗工具栏中" " "（模拟）"工具，或按下空格键，打开模拟，完成育克褶裙 3D 模拟试穿。

2. 设置拉链

（1）按键盘数字键"8"，显示虚拟模特背面视图，选择工具栏中" " "（编辑缝纫线）"工具，选中腰头后中线，单击鼠标右键弹出右键菜单，选择"删除缝纫线"，将腰头后中缝纫线删除。

（2）选择 3D 视窗工具栏中"▨（拉链）"工具，单击安装拉链一边的起始点，沿拉链安装方向移动至终点双击结束；同理单击安装拉链另一边的起始点，并沿拉链安装方向移动至终点双击结束，完成拉链设置。左键单击 3D 视窗工具栏中"▨（模拟）"工具，或按下空格键，打开模拟，完成拉链安装。

（3）选择 3D 视窗工具栏中"▨（选择 / 移动）"工具单击选中拉链，在右侧属性编辑器中调整拉链宽度，使其成为隐形拉链；选中拉链头，在右侧属性栏中根据隐形拉链调整拉链拉头和拉片形式。

3. 设置纽扣

（1）选择 3D 视窗工具栏中"▨（纽扣）"工具，在前育克中片板片上纽扣位置添加纽扣。

（2）在右侧物体窗口选择纽扣栏，在属性编辑器中编辑纽扣相应属性。

4. 设置明线

（1）选择 2D 视窗工具栏中"▨（缝纫线明线）"工具，左键单击腰头边线与前中线交点，沿腰头边线移动至终点单击结束；同样操作完成腰头上下边线明线设置。

（2）在右侧属性编辑器中设置明线属性。

5. 设置模特姿态

在图库窗口双击"Avatar"打开模特库，双击"Female_V1"打开第一组女性模特界面，双击"Pose"打开模特姿态库，选择相应 Pose 进行 3D 试穿，效果以服装悬垂、无抖动为宜。

（六）面料设置

1. 面料物理属性设置

（1）在图库窗口双击"Fabric"打开面料库，在面料库中挑选适合的面料。鼠标停留在某种面料上时，会显示该面料的成分、重量、厚度、纹理、颜色等基本物理属性。

（2）选中面料库中"Cotton_Gabardine"面料，左键双击添加到物体窗口。

（3）切换至 2D 视窗，按"Ctrl+A"组合键全选板片，右侧物体窗口中，在"Cotton_Gabardine"条目上点击"应用于选择的板片上"按钮，设置育克褶裙的面料属性为"Cotton_Gabardine"。

2. 面料纹理设置

（1）选中物体窗口"Cotton_Gabardine"条目，在属性编辑器中设置面料的纹理等贴图。纹理设置对应"Color"贴图、法线贴图设置对应"Normal"贴图、置换图设置对应"Displacement"贴图，如图 5-1-19 所示。

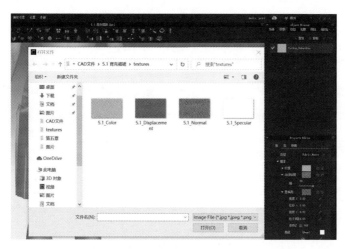

图 5-1-19　面料纹理设置

（2）选择物体窗口中"纽扣"条目，在属性编辑器中单击"颜色"编辑条目，打开"颜色"编辑器，鼠标选中"（拾色器）"工具，在育克褶裙上单击，将育克褶裙颜色设置为纽扣颜色。

（3）按键盘数字键"8"，显示虚拟模特背面视图，运用 3D 视窗工具栏中"（选择/移动）"工具选中拉链，在属性编辑器中单击"颜色"编辑条目，打开"颜色"编辑器，鼠标选中"（拾色器）"工具，在育克褶裙上单击，将育克褶裙颜色设置为拉链颜色；同样操作设置拉链头颜色。

（七）成衣展示

（1）选择 3D 视窗工具栏中"（提高服装品质）"工具，打开高品质属性编辑器，将服装粒子间距调整为"5"，打开模拟，完成育克褶裙高品质模拟。

（2）鼠标单击 3D 视窗左上角"（显示虚拟模特）"工具，隐藏虚拟模特；选择菜单"文件→快照→3D 视窗"，输出多角视图；育克褶裙正、背面模拟图，如图 5-1-20、图 5-1-21 所示。

图 5-1-20　育克褶裙正面模拟

图 5-1-21　育克褶裙背面模拟

第二节 》 高腰连衣裙 2D 制板与 3D 试衣

连衣裙是女士夏季必备的服装品类之一，其款式和结构变化十分丰富。连衣裙分类方式有很多种，其中按照腰围线位置可分为正常腰位、低腰位和高腰位三种。

讨论一款高腰连衣裙，款式如图 5-2-1 所示。这是一款无领、无袖连衣裙，领型为一字领造型。结构采用高腰设计，衣身前、后片设腰省，后片设领口省，整体造型呈 A 型。各部位规格尺寸如表 5-2-1 所示。

图 5-2-1　高腰连衣裙款式图

表 5-2-1　高腰连衣裙主要部位规格尺寸（号型：160/84A） 单位：cm

部位	胸围	腰围	臀围	衣长
尺寸	96	74	100	98

一、高腰连衣裙 2D 制板

（一）女装原型导入

打开富怡服装 CAD 系统 V8.0 设计与放码系统（RP-DGS），通过菜单"文档→打开"或快捷工具栏"▨｜（打开）"工具，打开女装上衣原型文件；通过菜单"号型→号型编辑"打开号型规格表，对照表 5-2-1 规格尺寸编辑高腰连衣裙尺寸。

（二）高腰连衣裙 2D 制板

1. 原型基础结构处理

（1）根据款式，此款连衣裙无侧省，需先对前片原型侧省进行处理。首先，取前片乳凸量一半设置前片腰线，并将后片腰线与之对齐，然后将后片袖窿底点对位到前片侧缝线，再开深前片袖窿，删除侧省，使前、后侧缝等长。

（2）用"✂（剪断线）"和"✐（橡皮擦）"工具删除不必要的线条，形成调整后的上衣原型。

2. 一字领结构处理（图 5-2-2）

（1）用"▨（转省）"工具将后片肩胛省转移至后领口，修顺后肩线。

（2）后肩点沿肩线取"1.5cm"，后袖窿底点上升"1cm"，重新修正后袖窿曲线；后肩线取"4cm"，后颈点下降"0.5cm"，连接调整成新的后领口线。

（3）前片参照后片处理，前肩点沿肩线取"1.5cm"，前袖窿底点上升"1cm"，重新修正前袖窿曲线；前肩线取"4cm"，前颈点上升"3.5cm"，连接调整成新的前领口线。用"✂（剪断线）"和"✐（橡皮擦）"工具删除不必要线条。

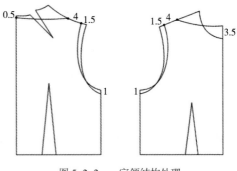

图 5-2-2 一字领结构处理

3. 高腰连衣裙 2D 制板

（1）后中线向下按照"衣长"尺寸延长，腰线以下取"18cm"确定臀围线，横向水平取 $\frac{臀围}{4}$，连接侧缝腰围止点并向下延长，与后中线水平对齐（图 5-2-3）；前片参照后片对应处理。

（2）根据表 5-2-1 规格尺寸，做收腰结构处理。前、后侧缝在腰围处各收进"1.5cm"，后中线在腰围处收进"1cm"；后片在原腰省位做"3cm"菱形省，前片在原腰省位做"4cm"菱形省，如图 5-2-3 所示。用"✂（剪断线）"和"✐（橡皮擦）"工具删除不必要线条。

（3）用"⊟（相交等距线）"工具将前、后腰围线提高"8cm"；用"✂（剪断线）"和"⊞（移动）"工具将前、后片在腰线处分离（图 5-2-4）。

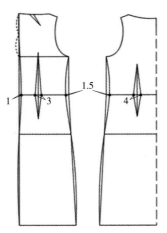

图 5-2-3 前后片省位处理

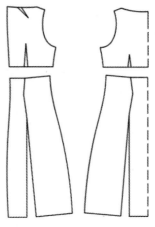

图 5-2-4 省转移

（4）用 "⬛（转省）" 工具将前、后裙片腰省转移至裙摆，形成 A 造型，如图 5-2-4 所示。

（5）修顺腰线和裙摆线，用 "⬛（对称）" 工具沿前中线将前片对称，完成高腰连衣裙裁片分解。

（6）用 "✂（剪刀）" 工具将各裁片裁剪为纸样裁片，按鼠标右键转换为 "拾取辅助线" 工具，将各裁片内部的省位拾取；用 "⬛（布纹线）" 工具调整各裁片布纹方向，完成高腰连衣裙 2D 制板，如图 5-2-5 所示。

（7）通过菜单 "文档→输出 ASTM 文件" 输出另存为 "高腰连衣裙 .dxf" 格式文件，方便与 3D 试衣软件系统对接。

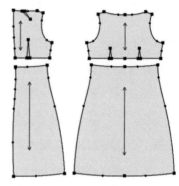

图 5-2-5　高腰连衣裙 2D 制板

二、高腰连衣裙 3D 试衣

（一）人体模特和 2D 板片导入

（1）打开 CLO 3D 软件系统，在图库窗口双击 "Avatar" 打开模特库，双击 "Female_V1" 打开第一组女性模特界面，双击选择导入其中一名女性模特。通过菜单 "虚拟模特→虚拟模特编辑器" 打开虚拟模特编辑器，按照国标 160/84A 号型对应的女性人体尺寸对模特主要部位尺寸进行调整，使其符合高腰连衣裙试衣的需要。

（2）通过菜单 "文件→导入→ DXF（AAMA/ASTM）" 导入高腰连衣裙裁片文件（高腰连衣裙 .dxf），选项中选择 "打开" "板片自动排列" "优化所有曲线点"。

（二）2D 视窗板片处理

（1）鼠标单击系统界面右下角 "2D"，显示 2D 视窗，根据 2D 视窗中人体模特剪影，重新安排高腰连衣裙的 2D 板片位置。

（2）选择 2D 视窗工具栏中 "⬛（调整板片）" 工具，左键单击选中后衣片板片，单击右键弹出右键菜单，选择 "对称板片（板片和缝纫线）"，对称复制后衣片板片，同时按下 "Shift" 键，将对称板片水平移动放置在合适位置；按照同样操作将后裙片对称复制、水平移动放置在合适位置。

（3）选择 2D 视窗工具栏中 "⬛（勾勒轮廓）" 工具，左键点击选中后衣片领口省省线，同时按下"Shift"键进行加选（被选中省线呈黄色），单击右键弹出右键菜单，选择"切断"，将省剪切，选择 2D 视窗工具栏中"■◢（调整板片）"工具选中剪切的板片，按"Delete"键删除；按照同样操作将高腰连衣裙板片上所有省剪切删除。

（三）3D 视窗板片安排

（1）鼠标单击系统界面右下角"3D"，显示 3D 视窗，左键单击 3D 视窗工具栏中"▦ [重置 2D 安排位置（全部）]"，按照 2D 视窗中的板片位置重置 3D 视窗中的板片位置，如图 5-2-6 所示。

（2）选择 3D 视窗左上角"■（显示虚拟模特）"中的"✿（显示安排点）"，打开虚拟模特安排点。

（3）按键盘数字键"2"，显示虚拟模特正面视图，运用 3D 视窗工具栏中"✛（选择 / 移动）"工具依次选择前衣片、前裙片，放置在对应位置安排点，如图 5-2-7 所示。

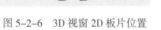

图 5-2-6　3D 视窗 2D 板片位置　　图 5-2-7　正面 3D 安排

（4）按键盘数字键"8"，显示虚拟模特背面视图，运用 3D 视窗工具栏中"✛（选择 / 移动）"工具依次选择后衣片、后裙片，放置在对应位置安排点。

（5）选择 3D 视窗左上角"■（显示虚拟模特）"中的"✿（显示安排点）"，隐藏安排点，完成高腰连衣裙板片的 3D 安排。

（6）运用 3D 视窗工具栏中"✛（选择 / 移动）"工具，选择高腰连衣裙板片，通过定位球调整各板片至合适位置。

（四）板片缝合设置

1. 省份的缝合

（1）鼠标单击系统界面右下角"3D/2D"，同时显示 3D 和 2D 视窗，根据需要随时调整 2D 视窗与 3D 视窗大小关系，方便随时查看缝合状态。

（2）选择 2D 视窗工具栏中"█（线缝纫）"工具，对每个省进行缝合设置，左键分别单击省位的两条边线完成缝合设置，注意缝合方向保持一致，不要交叉。

2. 板片基础部位缝合

（1）选择 2D 视窗工具栏中"█（线缝纫）"工具，分别单击前、后衣片的肩线、侧缝线，完成对应肩线、侧缝缝合设置。

（2）选择 2D 视窗工具栏中"█（线缝纫）"工具，分别单击前、后裙片侧缝线完成裙片侧缝缝合设置；分别单击后裙片后中线完成裙片后中线缝合设置。

3. 1：N 缝合

本例中，前、后衣片与前、后裙片在腰围线处的缝合关系属于 1：N 缝合。

（1）选择 2D 视窗工具栏中"█（自由缝纫）"工具，左键单击前裙片的左侧缝与腰围线交点，沿腰围线向右移动至右侧缝与腰围线交点单击选中前裙片腰围线。

（2）按住"Shift"键，单击前衣片的左侧缝与腰围线交点，沿腰围线向右移动至第一个省位左端点单击；跳过第一个省位，然后从第一个省位右端点单击，沿腰围线向右移动至第二省位左端点单击；跳过第二个省位，再从第二个省位右端点单击，沿腰围线向右移动至右侧缝与腰围线交点单击，松开"Shift"键，完成前衣片与前裙片在腰围线处的缝合，如图 5-2-8 所示。

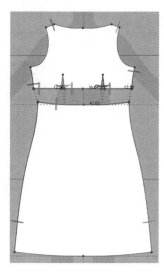

图 5-2-8　1：N 缝合

（3）选择 2D 视窗工具栏中"█（自由缝纫）"工具，左键单击后裙片的后中线与腰围线交点，沿腰围线向右移动至侧缝与腰围线交点单击选中后裙片腰围线。

（4）按住"Shift"键，单击后衣片的后中线与腰围线交点，沿腰围线向右移动至省位左端点单击，跳过省位，然后从省位右端点单击，沿腰围线向右移动至侧缝与腰围线交点单击，松开"Shift"键，完成后衣片与后裙片在腰围线处的缝合。

（五）3D 模拟试穿

1. 3D 模拟

（1）鼠标单击系统界面右下角"3D"，显示 3D 视窗，选择 3D 视窗工具栏中"█（选择 / 移动）"工具，按"Ctrl+A"键选中所有板片，在选中板片上单击鼠标右键弹出右键菜单，选择"硬化"，将所有板片硬化处理。

（2）左键单击 3D 视窗工具栏中"■（模拟）"工具，或按下空格键，打开模拟，高腰连衣裙将根据缝合关系进行模拟试穿，完成基本试穿效果。

（3）选择 3D 视窗工具栏中"■（选择 / 移动）"工具，按"Ctrl+A"选中所有板片，在选中板片上单击鼠标右键弹出右键菜单，选择"解除硬化"，完成解除。

2. 设置拉链

（1）按键盘数字键"8"，显示虚拟模特背面视图，选择 3D 视窗工具栏中"■（拉链）"工具，从后衣片后中线位置单击安装拉链一边的起始点，沿拉链安装方向移动至终点双击结束；同理单击安装拉链另一边的起始点，并沿拉链安装方向移动至终点双击结束，完成拉链设置。左键单击 3D 视窗工具栏中"■（模拟）"工具，或按下空格键，打开模拟，完成拉链安装。

（2）选择 3D 视窗工具栏中"■（选择 / 移动）"工具单击选中拉链，在右侧属性编辑器中调整拉链宽度，使其成为隐形拉链；选中拉链头，在右侧属性栏中根据隐形拉链调整拉链拉头和拉片形式，完成隐形拉链设置。

3. 2D 板片调整

观察高腰连衣裙 3D 试穿模拟效果，发现服装在腋下不够合体、领口不够圆顺，如图 5-2-9 所示，需要对 2D 板片进行调整。

（1）鼠标单击系统界面右下角"3D/2D"，同时显示 3D/2D 视窗。选择 2D 视窗工具栏中"■（编辑板片）"工具，单击选中后衣片袖窿底点，鼠标向上拖动同时按下右键，弹出右键菜单，在"X- 轴"和"Y- 轴"中分别填入"1.5cm"（注意方向）；然后同样操作前衣片袖窿底点。

图 5-2-9　调整前

（2）选择 2D 视窗工具栏中"■（编辑板片）"工具，单击选中前衣片前颈点，鼠标向下拖动同时按下右键，弹出右键菜单，在"X- 轴"中填"0cm"，在"Y- 轴"中分别填入"-1cm"，修顺前领口。

（3）左键单击 3D 视窗工具栏中"■（模拟）"工具，或按下空格键，打开模拟，查看连衣裙 3D 试穿效果，如图 5-2-10 所示。

4. 设置贴边

（1）选择 3D 视窗工具栏中"■（贴边）"工具，从连衣裙领

图 5-2-10　调整后

口后中线单击，沿领口线一圈到后中线双击结束，在领口设置贴边。

（2）在右侧属性编辑器中设置贴边参数。

5. 设置模特姿态

在图库窗口双击"Avatar"打开模特库，双击"Female_V1"打开第一组女性模特界面，双击"Pose"打开模特姿态库，选择相应 Pose 进行 3D 试穿，效果以服装悬垂、无抖动为宜，同时可设置模特发型、鞋子等配饰的属性。

（六）面料设置

1. 面料属性设置

（1）在图库窗口双击"Fabric"打开面料库，在面料库中挑选适合的面料。鼠标停留在某种面料上时，会显示该面料的成分、重量、厚度、纹理、颜色等基本物理属性。

（2）选中面料库中"Silk_Charmeuse"面料，左键双击添加到物体窗口。

（3）切换至 2D 视窗，按"Ctrl+A"组合键全选板片，右侧物体窗口中，在"Silk_Charmeuse"条目上点击"应用于选择的板片上"按钮，设置高腰连衣裙的面料属性为"Silk_Charmeuse"。

（4）在右侧物体窗口选中"Silk_Charmeuse"条目，单击"复制"复制一条"Silk_Charmeuse Copy1"条目，在属性编辑器中设置面料纹理，对应"Color"贴图，如图 5-2-11 所示。

（5）选择 2D 视窗工具栏中"![icon]"（调整板片）"工具，框选前、后裙片，在"Silk_Charmeuse Copy1"条目上点击"应用于选择的板片上"按钮，设置裙片的面料属性为"Silk_Charmeuse Copy1"。

（6）选择 3D 视窗工具栏中"![icon]"（编辑纹理）"工具，鼠标单击裙片，在右上角调整阀中调整纹理至合适大小，如图 5-2-12 所示。

图 5-2-11　纹理设置

图 5-2-12　编辑纹理

2.贴图设置

（1）选择 3D 视窗工具栏中"🏴（贴图）"工具，打开贴图文件，在上身衣片上单击增加贴图，如图 5-2-13 所示。

（2）选择 3D 视窗工具栏中"🏴（调整贴图）"工具，在右侧属性编辑器中将贴图颜色设置为白色，并对贴图大小、位置等进行调整，如图 5-2-14 所示。

图 5-2-13　增加贴图　　　　图 5-2-14　调整贴图

（七）成衣展示

（1）选择 3D 视窗工具栏中"🖌（提高服装品质）"工具，打开高品质属性编辑器，将服装粒子间距调整为"5"，打开模拟，完成高腰连衣裙高品质模拟。

（2）选择菜单"文件→快照→3D 视窗"，输出多角度视图，高腰连衣裙正、背面模拟图如图 5-2-15、图 5-2-16 所示。

图 5-2-15　高腰连衣裙　　　　图 5-2-16　高腰连衣裙
正面模拟　　　　　　　　背面模拟

第三节 ＞ 女西装 2D 制板与 3D 试衣

本节讨论一款六片构成的女西装典型款式，结构上由前、侧、后六片构成，采用西装常见的平驳领和两片袖。衣身前片设胸省、后片设领口省，前中两粒扣，款式如图 5-3-1 所示，主要部位规格尺寸如表 5-3-1 所示。

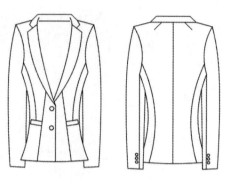

图 5-3-1　女西装款式图

表 5-3-1　女西装主要部位规格尺寸（号型：160/84A）　　　　单位：cm

部位	胸围	腰围	衣长	袖长
尺寸	96	76	60	55

一、女西装 2D 制板

（一）女装原型导入

打开富怡服装 CAD 系统 V8.0 设计与放码系统（RP-DGS），通过菜单"文档→打开"或快捷工具栏"⬛（打开）"工具，打开女装上衣原型文件；通过菜单"号型→号型编辑"打开号型规格表，对照表 5-3-1 规格尺寸编辑女西装尺寸。

（二）女西装 2D 制板

1. 原型基础结构处理

（1）用"⬛（转省）"工具将后片肩胛省转移至后领口，修顺后肩线。

（2）根据款式特征，做"1.5cm"撇胸处理：用"⬛（旋转）"工具将前片侧省转移一部分到前中，如图 5-3-2 所示。

（3）用"⬛（剪断线）"和"⬛（橡皮擦）"工具删除不必要线条。

2. 衣身结构处理

（1）后中线按照"衣长"尺寸 60cm 向

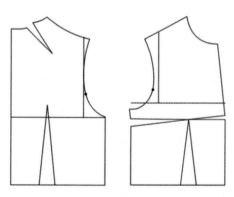

图 5-3-2　撇胸处理

下延长，后侧对齐加长；前片参照后片对应处理。

（2）将后片背宽线向下延伸至摆围线，作为后片竖向分割参考线。将后片袖窿深四等分，在第三等分点水平对齐到后袖窿作为分片起点，以背宽线为参考，在腰围处收"3.5cm"，在摆围处放出"2cm"。

（3）将前片胸宽线向下延伸至摆围线，将胸宽线与前侧缝线在腰围处的间距两等分，并作竖直线分别与前袖窿曲线、摆围线相交，作为前片竖向分割参考线，在腰围处收"2.5cm"，在摆围处放出"1cm"。

（4）连接各分割线并修顺，如图 5-3-3 所示。

（5）后中线在腰围处收进"1.5cm"，重新修正后中线；前片腰围处设"2.5cm"菱形胸省，用"✂（剪断线）"和"🧽（橡皮擦）"工具删除不必要线条，如图 5-3-4 所示。

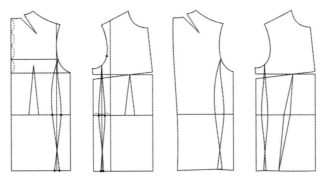

图 5-3-3 衣身结构处理（一）　图 5-3-4 衣身结构处理（二）

（6）用"✂（剪断线）"和"🧽（橡皮擦）"工具将前、侧、后片分离；前片腰线以下"6cm"处设置口袋开袋位置，并做"4cm×11cm"的袋盖，如图 5-3-5 所示。

（7）用"✂（剪断线）"和"🧽（橡皮擦）"工具将前片开袋位置断开分离，如图 5-3-6 所示。

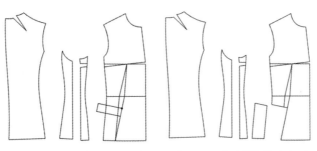

图 5-3-5 衣身结构处理（三）　图 5-3-6 衣身结构处理（四）

（8）用"🤖（对接）"工具将侧片整合，如图 5-3-7 所示，分别将 A 与 B 整合，然后与 C 整合，最后再与 D 整合，如图 5-3-8 所示。

（9）用"🔪（转省）"工具将前片侧省转移，与前胸省合并；用"✂（剪断线）"和"✏（橡皮擦）"工具删除不必要线条，完成女西装衣身裁片分解，如图 5-3-9 所示。

3. 衣领、衣袖结构处理

（1）根据女西装款式特征，按照平驳领制板方法，在衣身前片基础上完成平驳领结构处理，如图 5-3-10 所示。

（2）根据女西装款式特征，按照两片袖制板方法，在衣袖原型基础上完成女西装衣袖结构处理，如图 5-3-11 所示。

4. 女西装 2D 制板

（1）前片肩线距侧颈点"3.5cm"，摆围线距离前中线"8cm"连线，修正后确定过面构成。

（2）综合运用"✂（剪断线）""🔳（移动）""✏（橡皮擦）"等工具将过面、衣领、衣袖裁片分离，删除不必要线条，完成女西装裁片分解。

（3）用"✂（剪刀）"工具将各裁片裁剪为纸样裁片，鼠标右键转换为"拾取辅助线"工具，将各裁片内部的省位、内部线拾取；用"◉（钻孔）"工具在前中扣位、袖口扣位进行扣位设定；用"🖌（布纹线）"工具调整各裁片布纹方向，完成女西装 2D 制板，如图 5-3-12 所示。

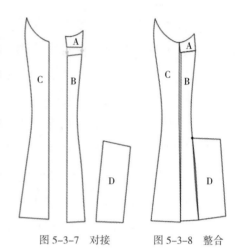

图 5-3-7 对接　　图 5-3-8 整合

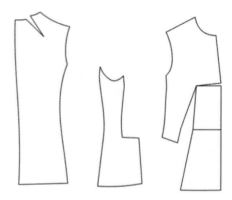

图 5-3-9 女西装衣身裁片

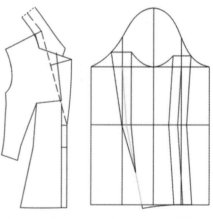

图 5-3-10 平驳
领结构处理图　　图 5-3-11 两片袖
结构处理

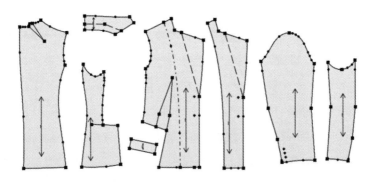

图 5-3-12　女西装 2D 制板

（4）通过菜单"文档→输出 ASTM 文件"输出另存为"女西装 .dxf"格式文件，方便与 3D 试衣软件系统对接。

二、女西装 3D 试衣

（一）人体模特和 2D 板片导入

（1）打开 CLO 3D 软件系统，在图库窗口双击"Avatar"打开模特库，双击"Female_V1"打开第一组女性模特界面，双击选择导入其中一名女性模特。通过菜单"虚拟模特→虚拟模特编辑器"打开虚拟模特编辑器，按照国标 160/84A 号型对应的女性人体尺寸对模特主要部位尺寸进行调整，使其符合女西装试衣的需要。

（2）在图库窗口双击"Hair"，更换模特发型；在图库窗口双击"Shoes"，更换模特鞋子。

（3）通过菜单"文件→导入→DXF（AAMA/ASTM）"导入女西装裁片文件（女西装 .dxf），选项中选择"打开""板片自动排列""优化所有曲线点"。

（二）2D 视窗板片处理

（1）鼠标单击系统界面右下角"2D"，显示 2D 视窗，根据 2D 视窗中人体模特剪影，重新安排女西装的 2D 板片位置。

（2）选择 2D 视窗工具栏中" （调整板片）"工具，左键单击选中后衣片板片，单击右键弹出右键菜单，选择"对称板片（板片和缝纫线）"，对称复制后衣片板片，同时按下"Shift"键，将对称板片水平移动放置在合适位置；按照同样操作将侧片、前片、过面、大袖片、小袖片、袋盖等板片对称复制，并水平移动放置在合适位置。

（3）选择 2D 视窗工具栏中" （编辑板片）"工具，左键单击选中衣领板片后中线，单击右键弹出右键菜单，选择"对称展开编辑（缝纫线）"，将衣领板片对称补齐。

（4）选择 2D 视窗工具栏中 "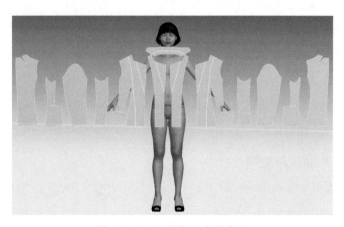（勾勒轮廓）" 工具，左键点击选中后衣片领口省线，同时按下 "Shift" 键进行加选（被选中省线呈黄色），单击右键弹出右键菜单，选择"切断"，将省剪切，选择 2D 视窗工具栏中 "（调整板片）" 工具选中剪切的板片，按 "Delete" 键删除；按照同样操作将女西装前片胸省剪切删除。

（5）选择 2D 视窗工具栏中 "（勾勒轮廓）" 工具，左键点击选中前片驳口线，同时按下 "Shift" 键加选过面线（被选中褶线呈黄色），单击右键弹出右键菜单，选择"勾勒为内部线 / 图形"，将其勾勒为内部线（勾勒完成褶线呈红色）；按照同样操作勾勒过面、衣领、侧片内部线。

（6）选择 2D 视窗工具栏中 "（编辑板片）" 工具，左键点击选中前片驳口线，在右侧属性窗口中将折叠角度设置为 "360"；按照同样操作将过面驳口线、衣领翻折线折叠角度设置为 "360"。

（三）3D 视窗板片安排

（1）鼠标单击系统界面右下角 "3D"，显示 3D 视窗，左键单击 3D 视窗工具栏中 "[重置 2D 安排位置（全部）]"，按照 2D 视窗中的板片位置重置 3D 视窗中的板片位置，如图 5-3-13 所示。

图 5-3-13　3D 视窗 2D 板片位置

（2）选择 3D 视窗左上角 "（显示虚拟模特）" 中的 "（显示安排点）"，打开虚拟模特安排点。

（3）按键盘数字键 "2"，显示虚拟模特正面视图，运用 3D 视窗工具栏中 "（选择 / 移动）" 工具依次选择左过面、左前片、右过面、右前片，按照层次关系放置在对应安排点（左过面放置在靠近人体，右前片放置远离人体，以保证前片压住过面，右片压住左片）。

（4）按住鼠标右键将人体模特旋转一定角度，运用 3D 视窗工具栏中"▪️（选择 / 移动）"工具选择侧片，放置在对应安排点。

（5）按键盘数字键"8"，显示虚拟模特背面视图，运用 3D 视窗工具栏中"▪️（选择 / 移动）"工具依次选择后片、衣领，并放置在对应位置。

（6）按住鼠标右键将人体模特旋转一定角度，运用 3D 视窗工具栏中"▪️（选择 / 移动）"工具选择大袖片、小袖片，放置在对应位置。

（7）运用 3D 视窗工具栏中"▪️（选择 / 移动）"工具选择袋盖板片，放置在袋口附近，并将袋盖位置调整至最远离人体。

（8）选择 3D 视窗左上角"▪️（显示虚拟模特）"中的"▪️（显示安排点）"，隐藏安排点，完成女西装板片的 3D 安排。

（9）运用 3D 视窗工具栏中"▪️（选择 / 移动）"工具，选择女西装板片，通过定位球调整各板片至合适位置。

（四）板片缝合设置

1. 省份的缝合

（1）鼠标单击系统界面右下角"3D/2D"，同时显示 3D/2D 视窗，根据需要随时调整 2D 视窗与 3D 视窗大小关系，方便随时查看缝合状态。

（2）选择 2D 视窗工具栏中"▪️（线缝纫）"工具，对前片胸省、后片领口省进行缝合设置，左键分别单击省位的两条边线完成缝合设置，注意缝合保持一致，不要交叉。

2. 衣身基础部位的缝合

选择 2D 视窗工具栏中"▪️（线缝纫）"工具，对前后肩线、后中线、后片与侧片的侧缝线、前片与侧片的侧缝线等衣身基础部位进行缝合设置。

3. 衣袖部位的缝合

（1）选择 2D 视窗工具栏中"▪️（自由缝纫）"工具，完成大小袖片侧缝的缝合设置。

（2）衣袖与衣身的缝合关系属于 M：N 缝合。鼠标左键长按"▪️（自由缝纫）"，在选项中选择"▪️（M：N 自由缝纫）"工具。

（3）左键单击后片肩点，沿后袖窿线移动至后袖窿底点单击；接着在侧片袖窿起点单击，沿袖窿线移动至前后交点处单击，完成按下"Enter"键结束，完成"M"段缝纫选择。

（4）左键单击大袖肩点，沿后袖山移动至侧边点单击；接着在小袖对应侧边点单击，沿小袖山移动至袖山底点单击，完成按下"Enter"键结束，完成"N"段缝纫选择，完成后袖窿与后袖山 M：N 缝合，如图 5-3-14 所示。

（5）同样操作，完成前袖窿与前袖山 M：N 缝合，如图 5-3-15 所示。

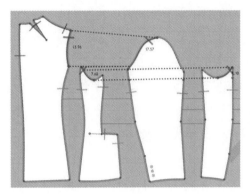
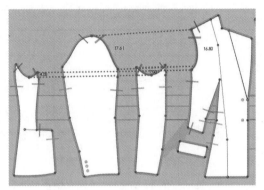

图 5-3-14　后袖山与后袖窿 M：N 缝合　　　图 5-3-15　前袖山与前袖窿 M：N 缝合

4. 衣领部位的缝合

（1）选择 2D 视窗工具栏中"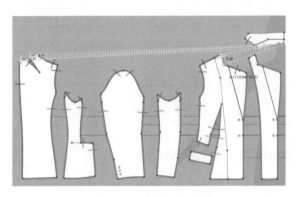（自由缝纫）"工具，完成衣领与前片在串口线处的缝合设置。

（2）衣领底线与前、后衣身领口线的缝合关系属于 1：N 缝合，需要应用 1：N 缝合方法进行设置。左键单击衣领底线后中点，沿衣领底线移动至边线点单击，选中衣领底线。

（3）按住"Shift"键，从后片后颈点单击，沿后领口移动至领口省端点单击，跳过领口省，从省的另一个端点单击，沿后领口线至侧颈点单击；再从前片侧颈点单击，沿前领口线移动至底点单击，松开"Shift"键，完成衣领与前、后片的缝合，如图 5-3-16 所示。

图 5-3-16　衣领部位 1：N 缝合

5. 过面、袋盖部位的缝合

（1）选择 2D 视窗工具栏中"■■（自由缝纫）"工具，分别对过面与前片对应位置进行等长缝合，如图 5-3-17 所示。

（2）选择 2D 视窗工具栏中"■■（自由缝纫）"工具，分别对左、右袋盖上边线与衣身前片对应位置缝合（图 5-3-17）。

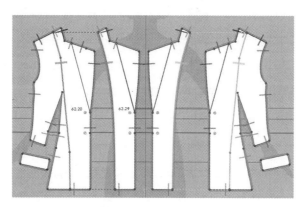

图 5-3-17　过面部位缝合

（五）3D 模拟试穿

1. 3D 模拟

（1）鼠标单击系统界面右下角"3D"，显示 3D 视窗，选择 3D 视窗工具栏中"■■（选择 / 移动）"工具，按"Ctrl+A"选中所有板片，在选中板片上单击鼠标右键弹出右键菜单，选择"硬化"，将所有板片硬化处理。

（2）左键单击 3D 视窗工具栏中"■■（模拟）"工具，或按下空格键，打开模拟，女西装将根据缝合关系进行模拟试穿。

（3）选择 3D 视窗工具栏中"■■（选择 / 移动）"工具，按"Ctrl+A"选中所有板片，在选中板片上单击鼠标右键弹出右键菜单，选择"解除硬化"，完成解除。

（4）选择 3D 视窗工具栏中"■■（熨烫）"工具，左键单击左前片，该板片将变为透明，左键单击左过面，将左片过面与左前片熨烫平整；同样操作将右片过面与右前片熨烫平整，如图 5-3-18 所示。

图 5-3-18　过面熨烫

2. 设置纽扣

（1）选择 3D 视窗工具栏中"⬤（纽扣）"工具，在 2D 视窗左前片板片纽扣位置添加纽扣，并在右侧属性编辑器中编辑纽扣相应属性。

（2）选择 3D 视窗工具栏中"▬（扣眼）"工具，在 2D 视窗右前片板片扣眼位置添加扣眼，并在右侧属性编辑器中编辑扣眼相应属性。

（3）选择 3D 视窗工具栏中"⬤（系纽扣）"工具，在 2D 视窗分别单击纽扣和对应的扣眼进行系纽扣，如图 5-3-19 所示。

（4）选择 3D 视窗工具栏中"⬤（纽扣）"工具，在 2D 视窗大袖片板片上纽扣位置添加纽扣，并在右侧属性编辑器中编辑纽扣相应属性。

（5）左键单击 3D 视窗工具栏中"▼（模拟）"工具，或按下空格键，打开模拟，在 3D 视窗中系好纽扣，如图 5-3-20 所示。

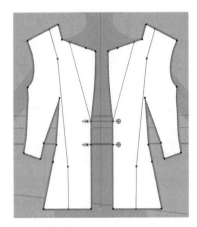 

图 5-3-19　系纽扣　　　　　　　　图 5-3-20　系好纽扣

3. 设置模特姿态

在图库窗口双击"Avatar"打开模特库，双击"Female_V1"打开第一组女性模特界面，双击"Pose"打开模特姿态库，选择相应 Pose 进行 3D 试穿，效果以服装悬垂、无抖动为宜。

（六）面辅料设置

1. 面料物理属性设置

（1）在图库窗口双击"Fabric"打开面料库，在面料库中挑选适合的面料。鼠标停留在某种面料上时，会显示该面料的成分、重量、厚度、纹理、颜色等基本物理属性。

（2）选中面料库中"Wool_Cashmere"面料，左键双击添加到物体窗口。

（3）切换至 2D 视窗，按"Ctrl+A"组合键全选板片，右侧物体窗口中，在"Wool_Cashmere"条目上点击"应用于选择的板片上"按钮，设置女西装的面料属性为"Wool_Cashmere"。

2. 面料纹理设置

（1）选中物体窗口"Wool_Cashmere"条目，在属性编辑器中设置面料的纹理等贴图。纹理设置对应"Color"贴图，法线贴图设置对应"Normal"贴图。

（2）选择物体窗口中"纽扣"条目，在属性编辑器中单击"颜色"编辑条目，打开"颜色"编辑器，鼠标选中" （拾色器）"工具，在女西装上单击，拾取女西装颜色并设置为纽扣颜色；同样操作，将扣眼颜色重新设置。

（七）成衣展示

（1）选择 3D 视窗工具栏中" （提高服装品质）"工具，打开高品质属性编辑器，将服装粒子间距调整为"5"，打开模拟，完成女西装高品质模拟。

（2）鼠标单击 3D 视窗左上角" （显示虚拟模特）"，隐藏虚拟模特；选择菜单"文件→快照→3D 视窗"，输出多角度视图，女西装正、背面模拟图分别如图 5-3-21、图 5-3-22 所示。

图 5-3-21　女西装正面模拟　　图 5-3-22　女西装背面模拟

第四节 ＞ 套装组合 3D 试衣

服装实际穿着中常常是成套组合出现的，或上下装组合，或内外层组合。本节讨论套装组合 3D 试衣，即以两件单品服装为基础，进行组合穿着试衣，重点理解套装组合的 3D 试衣方法，掌握搭配类服装 3D 虚拟试衣流程。

一、上下装组合 3D 试衣

以女 T 恤和育克褶裙为基础，进行上下装组合 3D 试衣。

（一）项目文件预处理

（1）打开 CLO 3D 5.1 软件系统，通过菜单"文件 / 打开 / 项目"，打开育克褶裙项目文件"育克褶裙 .Zprj"；选择 3D 视窗工具栏中"▨（降低服装品质）"工具，将服装粒子间距设为"20"。

（2）在图库窗口双击"Avatar"打开模特库，双击"Female_V1"打开第一组女性模特界面，双击"Pose"打开模特姿态库，将模特姿势调整为双手侧举的状态。

（3）通过菜单"文件→另存为→服装"，将文件另存为"育克褶裙 .zpac"。

（4）通过菜单"文件→打开→项目"，打开女 T 恤项目文件"女 T 恤 .Zprj"；选择 3D 视窗工具栏中"▨（降低服装品质）"，将服装粒子间距设为"20"。

（5）在图库窗口双击"Avatar"打开模特库，双击"Female_V1"打开第一组女性模特界面，双击"Pose"打开模特姿态库，将模特姿势调整为双手侧举的状态。

（6）通过菜单"文件→添加→服装"，将育克褶裙的服装文件"育克褶裙 .zpac"添加至工作区。在"增加服装"选项中，加载类型为"增加"、移动为"0"，如图 5-4-1 所示。

（7）在 2D 视窗中，用"◣（调整板片）"工具选中育克褶裙板片，向下拖动到 T 恤板片下方，确保育克褶裙板片和 T 恤板片间不要重叠。

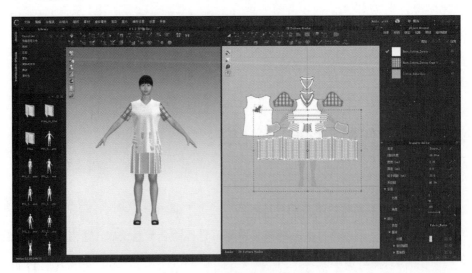

图 5-4-1　育克褶裙服装文件加载

（二）女 T 恤与育克褶裙组合 3D 试衣

（1）在 2D 视窗中，用 "（调整板片）"工具选中育克褶裙板片，在右侧属性编辑器中，模拟属性中的层设置为 "1"（图 5-4-2），此时育克褶裙变为荧光绿色。

（2）左键单击 3D 视窗工具栏中 "（模拟）"工具，或按下空格键，打开模拟，女 T 恤和育克褶裙将根据缝合关系、层次安排进行模拟试穿，育克褶裙位于外层，如图 5-4-3 所示。

图 5-4-2 设置层   图 5-4-3 组合试穿

（3）用 "（调整板片）"工具选中育克褶裙板片，在右侧属性编辑器中，模拟属性中的层设置为 "0"，育克褶裙变回正常色。

（4）在图库窗口双击 "Avatar" 打开模特库，双击 "Female_V1" 打开第一组女性模特界面，双击 "Pose" 打开模特姿态库，选择相应 Pose 进行 3D 试穿，效果以服装悬垂、无抖动为宜。

（5）选择 3D 视窗工具栏中 "（提高服装品质）"工具，打开高品质属性编辑器，将服装粒子间距调整为 "5"，打开模拟，完成女 T 恤与育克褶裙套装组合高品质模拟。

（6）选择菜单 "文件→快照→3D 视窗"，输出多角度视图；女 T 恤与育克褶裙套装组合的正、背面模拟图分别如图 5-4-4、图 5-4-5 所示。

图 5-4-4 组合试穿 正面   图 5-4-5 组合试穿 背面

二、内外层组合 3D 试衣

以女西装和高腰连衣裙为基础，进行内外层组合 3D 试衣。

（一）项目文件预处理

（1）打开 CLO 3D 软件系统，通过菜单"文件→打开→项目"，打开女西装项目文件"女西装 .Zprj"；选择 3D 视窗工具栏中"![图标]（降低服装品质）"，将服装粒子间距设为"20"。

（2）在图库窗口双击"Avatar"打开模特库，双击"Female_V1"打开第一组女性模特界面，双击"Pose"打开模特姿态库，将模特姿势调整为双手侧张开的状态。

（3）通过菜单"文件→另存为→服装"，将文件另存为"女西装 .zpac"。

（4）通过菜单"文件→打开→项目"，打开高腰连衣裙项目文件"高腰连衣裙 .Zprj"；选择 3D 视窗工具栏中"![图标]（降低服装品质）"，将服装粒子间距设为"20"。

（5）在图库窗口双击"Avatar"打开模特库，双击"Female_V1"打开第一组女性模特界面，双击"Pose"打开模特姿态库，将模特姿势调整为双手侧张开的状态。

（6）通过菜单"文件→添加→服装"，将女西装的服装文件"女西装 .zpac"添加至工作区。在"增加服装"选项中，加载类型为"增加"、移动为"0"。

（7）在 2D 视窗中，用"![图标]（调整板片）"工具选中女西装板片，向上拖动到高腰连衣裙板片上方，确保女西装板片与高腰连衣裙板片间不要重叠，如图 5-4-6 所示。

图 5-4-6　女西装服装文件加载

（二）女西装与高腰连衣裙组合 3D 试衣

（1）在 2D 视窗中，用"（调整板片）"工具框选高腰连衣裙板片，单击鼠标右键弹出右键菜单，选择"冷冻"（图 5-4-7），将高腰连衣裙板片冷冻处理，高腰连衣裙变为浅蓝色。

（2）在 2D 视窗中，用"（调整板片）"工具框选女西装板片，在右侧属性编辑器中，模拟属性中的层设置为"1"，此时女西装变为荧光绿色，如图 5-4-8 所示。

图 5-4-7　冷冻高腰连衣裙　　　　图 5-4-8　设置女西装层

（3）左键单击 3D 视窗工具栏中"（模拟）"工具，或按下空格键，打开模拟界面，女西装将根据缝合关系、层次安排进行模拟试穿，女西装将位于外层。

（4）用"（调整板片）"工具框选高腰连衣裙板片，单击鼠标右键弹出右键菜单，选择"解冻"，高腰连衣裙变为正常色；用"（调整板片）"工具框选女西装板片，在右侧属性编辑器中，模拟属性中的层设置为"0"，女西装变回正常色。

（5）左键单击 3D 视窗工具栏中"（模拟）"工具，或按下空格键，打开模拟界面，女西装和高腰连衣裙将根据缝合关系、层次安排进行模拟试穿，完成女西装与高腰连衣裙套装组合 3D 试衣。

（6）在图库窗口双击"Avatar"打开模特库，双击"Female_V1"打开第一组女性模特界面，双击"Pose"打开模特姿态库，选择相应 Pose 进行 3D 试穿，效果以服装悬垂、无抖动为宜。

（7）选择 3D 视窗工具栏中"（提高服装品质）"工具，打开高品质属性编辑器，将服装粒子间距调整为"5"，打开模拟，完成女西装与高腰连衣裙套装组合高品质模拟。

（8）选择菜单"文件→快照→3D 视窗"，输出多角度视图；女西装与高腰连衣裙套装组合的正、背面模拟图分别如图 5-4-9、图 5-4-10 所示。

（三）模拟动态展示

1. 动态展示设置

（1）单击界面右上角"模拟"下拉列表，选择"动画"，进入动画模式视窗。

（2）在图库窗口双击"Avatar"打开模特库，双击"Female_V1"打开第一组女性模特界面，双击"Motion"打开人体动作库；选择合适的动作双击打开，如图 5-4-11 所示，在"打开动作"窗口点击"确认"。

图 5-4-9　组合　　图 5-4-10　组合
试穿正面　　　　试穿背面

2. 动态视频录制

（1）点击屏幕左下方"动画编辑器"中"（录制）"按钮，开始动态视频录制。录制过程由"移动"和"服装"两组动作组成，其中"移动"是模特在起始位置的转身动作，"服装"是按照选定的人体动作进行走秀的动作，如图 5-4-12 所示。

（2）当"服装"的红色进度条与蓝色进度条平齐时，动态视频录制完成。

（3）点击屏幕左下方"动画编辑器"中"▉▉（到开始）"按钮，让模特回到起始位置；点击"▶（打开）"按钮，可预览录制的动态视频。

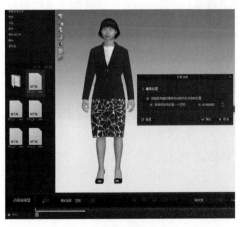

图 5-4-11　模特动作加载

图 5-4-12　动态视频录制

3. 动态视频输出

（1）选择菜单"文件→视频抓取→视频"，打开"动画"窗口。

（2）根据输出精度要求对视频尺寸进行自定义设置；在选项中，将宽度设置为"1920"像素、高度设置为"1080"像素，如图 5-4-13 所示。

（3）点击"录制"按钮，将按照前面录制的视频进行动态视频输出录制，录制过程中可通过鼠标滚轮进行镜头远近调整。

（4）录制结束后，单击"结束"按钮，在弹出的"3D 服装旋转录像"窗口中点击"保存"，将动态视频输出。

4. 舞台添加设置

在 CLO 3D 的图库中预存了一些舞台文件，可通过添加舞台设置进行添加，从而增加动态视频的视觉效果和 T 台秀效果。

（1）在图库窗口双击"Stage"打开舞台库，选择合适的舞台文件，双击打开；在"打开项目文件"窗口中，加载类型为"增加"、目标为"虚拟模特"、移动为"0"，如图 5-4-14 所示；点击"确认"将舞台添加。

（2）通过鼠标滚轮、右键、键盘数字键等调节舞台位置，使其处于合适位置；通过右侧属性编辑器对舞台进行属性设置，如图 5-4-15 所示。

（3）在图库窗口双击"Avatar"

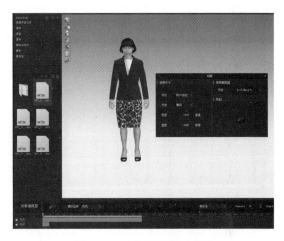

图 5-4-13　动态视频输出设置

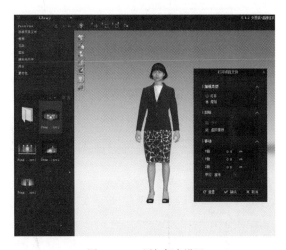

图 5-4-14　添加舞台设置

图 5-4-15　舞台属性设置

打开模特库，双击"Female_V1"打开第一组女性模特界面，双击"Motion"打开人体动作库，选择合适的动作双击打开；在"打开动作"窗口点击"确认"。

（4）按照"2.动态视频录制"步骤进行动态视频录制。

（5）按照"3.动态视频输出"步骤进行动态视频输出。

第六章

服装 CAD 应用
——拓展篇

第一节　民间传统服饰 CAD 应用

第二节　时尚流行服饰 CAD 应用

第一节 ≫ 民间传统服饰 CAD 应用

本节通过三个应用案例，即客家服饰 2D 制板与 3D 试衣、妈祖服饰 2D 制板与 3D 试衣、蟳埔服饰 2D 制板与 3D 试衣，讲解民间传统服饰的 CAD 应用。

一、客家服饰 2D 制板与 3D 试衣

客家人来自中原，其服饰之根是中原的汉族服饰。由于长期劳作在山地环境中，客家服饰既保留着中原汉族服饰的结构特征，又在功能性和实用性方面进行了改革和创新，形成了以大襟衫（图 6-1-1）和大裆裤（图 6-1-2）为主要代表的客家服饰。

　　图 6-1-1　客家大襟衫　　　　　　　　　图 6-1-2　客家大裆裤

客家大襟衫，又称长衫、士林衫，是典型的客家传统服饰。由于大多以蓝色、靛青色和黑色为主色调，故也被称为客家蓝衫。客家大襟衫是因其正面左、右襟的大小不一而得名，一般是左襟大、右襟小，穿着时左襟遮盖右襟，并系结于右胸上侧及腋下。客家大襟衫的长度一般以遮住臀部为宜，体现了"行不露臀，坐不露股"的中原传统保守思想。按照衣长可分为短衫和中长衫，其中短衫一般长度及臀，中长衫则要达到大腿中部及以下。

客家大襟衫最典型的款式特征是大襟右衽，其左襟（大襟）向右弯曲开口一直延伸至右腋下，顺着肋边与右襟（小襟）重叠扣合，衣襟闭合处一般设有异色镶边和花边织带。

本例讨论一件中长款客家大襟衫，款式结构如图 6-1-3 所示。其款式简洁，造型宽松平直，袖、身近似呈"十字型"。以蓝色为主色调，局部为白色和黑色。正面左襟较大，衣襟向右以"凸凹型"闭合一直延伸至右腋下，顺着肋边与右襟重叠扣合。衣襟

闭合处有黑色镶边，并有花边织带。衣袖宽大平直，用白色本布接袖，接袖处有花边织带。其相关部位规格尺寸如表 6-1-1 所示。

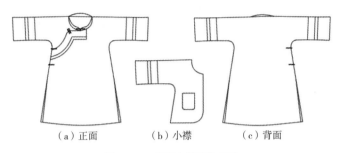

（a）正面　　　　　（b）小襟　　　　　（c）背面

图 6-1-3　客家大襟衫款式图

表 6-1-1　客家大襟衫主要部位规格尺寸表（号型：160/84A）　　　单位：cm

部位	胸围	摆围	领围	衣长	通袖长	袖口宽	大襟侧长	小襟长
尺寸	104	120	38	88	103	21.5	58	40

（一）客家大襟衫 2D 制板

该款客家大襟衫为传统的平面构成，衣身、衣袖呈"十字型"结构，采用"肩线分片式"裁剪。服装主体由三片构成，即后片与袖后片成一片、大襟与左袖前片成一片、小襟与右袖前片成一片。

（1）用"✏（智能笔）"工具画水平线，取值"通袖长 /2"，从右端点向下画竖直线，取值"衣长"；从交点处分别取领宽"6.5cm"、领深"10cm"做前领口线，参照图 6-1-4 所示完成基本结构制图。

（2）用"⌐（圆角）"工具将侧缝与袖侧缝圆顺相连，用"✂（剪断线）"和"✏（橡皮擦）"工具删除不必要线条；从前颈点沿前中线向下取"小襟长"，完成小襟结构；距袖口"6cm"处分别做"2cm"织带和"4.5cm"接袖，如图 6-1-5 所示。

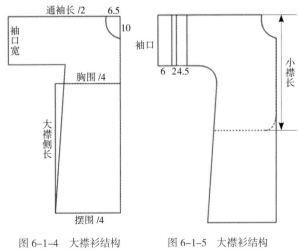

图 6-1-4　大襟衫结构处理（一）　　　图 6-1-5　大襟衫结构处理（二）

（3）用 "▲▲（对称）" 工具沿前中线对称；用 "✎（智能笔）" 工具在左前片从前颈点至腋下做 "凸凹型" 开口，用 "▱（相交等距线）" 工具做 "4cm" 拼接和 "2cm" 织带；在小襟上做 "11cm×12cm" 口袋；修顺底摆，如图 6-1-6 所示。

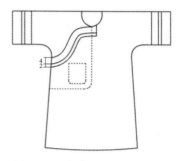

图 6-1-6　大襟衫结构处理（三）

（4）用 "▲▲（对称）" 工具沿袖中线将前片轮廓线对称；用 "✎（比较长度）" 工具测量前、后领长度，按照钝角立领结构设计方法完成衣领结构；用 "✂（剪断线）" 和 "✐（橡皮擦）" 工具删除不必要线条，完成客家大襟衫结构处理；在领口、大襟、侧缝等处确定盘扣位置，如图 6-1-7 所示。

（5）用 "✂（剪断线）" 和 "▤（移动）" 工具将各裁片分离，完成客家大襟衫裁片分解。

（6）用 "✄（剪刀）" 工具将各裁片裁剪为纸样裁片，鼠标右键转换为 "拾取辅助线" 工具，将裁片内部的盘扣位、口袋位等拾取；用 "▰（布纹线）" 工具调整各裁片布纹方向，完成客家大襟衫 2D 制板，如图 6-1-8 所示。

（7）通过菜单 "文档→输出 ASTM 文件" 输出另存为 "客家大襟衫 .dxf" 格式文件，方便与 3D 试衣软件系统对接。

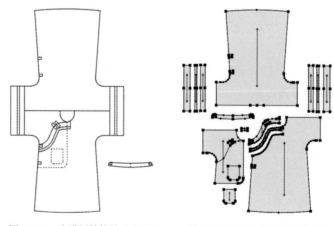

图 6-1-7　大襟衫结构处理（四）　　　图 6-1-8　客家大襟衫 2D 制板

（二）客家大襟衫 3D 试衣

1. 人体模特和 2D 板片导入

（1）打开 CLO 3D 软件系统，在图库窗口双击 "Avatar" 打开模特库，双击

"Female_V1"打开第一组女性模特界面，双击选择导入其中一名女性模特。通过菜单"虚拟模特→虚拟模特编辑器"打开虚拟模特编辑器，按照国标 160/84A 号型对应的女性人体规格尺寸对模特主要部位尺寸进行调整，使其符合客家大襟衫试衣的需要。

（2）通过菜单"文件→导入→ DXF（AAMA/ASTM）"导入客家大襟衫文件（客家大襟衫 .dxf），选项中选择"打开""板片自动排列""优化所有曲线点"。

2. 2D 视窗板片处理

（1）鼠标单击系统界面右下角"2D"，显示 2D 视窗，根据 2D 视窗中人体模特剪影，重新安排客家大襟衫的 2D 板片位置。

（2）选择 2D 视窗工具栏中"▧（调整板片）"工具，左键单击选中盘扣板片，单击右键弹出右键菜单，选择"复制"，然后再单击右键弹出右键菜单，选择"粘贴"，复制盘扣板片。

（3）选择 2D 视窗工具栏中"▧（勾勒轮廓）"工具，按住"Shift"键，左键点击选中小襟上的口袋、盘扣、斜襟位置（被选中线呈黄色），单击右键弹出右键菜单，选择"勾勒为内部线 / 图形"，将其勾勒为内部线（勾勒完成线呈红色）；按照同样操作将大襟、后片、领口的盘扣线勾勒为内部线。

3. 3D 视窗板片安排

（1）鼠标单击系统界面右下角"3D"，显示 3D 视窗，左键单击 3D 视窗工具栏中"▧[重置 2D 安排位置（全部）]"，按照 2D 视窗中的板片位置重置 3D 视窗中的板片位置。

（2）选择 3D 视窗左上角"▧（显示虚拟模特）"中的"▧（显示 X-Ray 结合处）"（图 6-1-9），选中虚拟模特肩部结合处，运用定位球将模特手臂张开，如图 6-1-10 所示，以方便大襟衫板片安排。

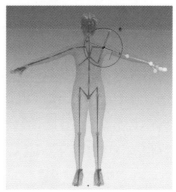

图 6-1-9　显示 X-Ray 结合处　　　　图 6-1-10　调整手臂张开角度

（3）再次选择 3D 视窗左上角 "■（显示虚拟模特）" 中的 "■（显示 X–Ray 结合处）"，关闭 "显示 X–Ray 结合处"。

（4）按键盘数字键 "2"，显示虚拟模特正面视图，运用 3D 视窗工具栏中 "■（选择 / 移动）" 工具依次选择小襟、口袋、大襟、镶边、织带、盘扣等板片，运用定位球将其放置在对应安排位置（注意将小襟放置在靠近虚拟模特最里层、盘扣放置在最外层）。

（5）按键盘数字键 "8"，显示虚拟模特背面视图，运用 3D 视窗工具栏中 "■（选择 / 移动）" 工具依次选择后片、盘扣等板片，运用定位球将其放置在对应安排位置（注意将盘扣放置在外层）。

（6）选择 3D 视窗左上角 "■（显示虚拟模特）" 中的 "■（显示安排点）"，打开虚拟模特安排点，将衣领板片放置在对应安排点。

（7）按下鼠标右键将虚拟模特旋转至前侧面，运用 3D 视窗工具栏中 "■（选择 / 移动）" 工具选中袖头板片，放置在小臂安排点；在右侧属性编辑器中设置方向为 "90"，间距为 "60"；同样操作将接袖、织带放置在手臂对应位置，如图 6–1–11 所示。

（8）选择 3D 视窗左上角 "■（显示虚拟模特）" 中的 "■（显示安排点）"，隐藏安排点，完成客家大襟衫板片的 3D 安排。

（9）运用 3D 视窗工具栏中 "■（选择 / 移动）" 工具，选择客家大襟衫板片，通过定位球调整各板片至合适位置。

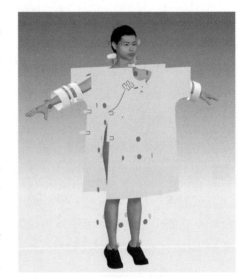

图 6–1–11 3D 视窗板片安排

4. 板片缝合设置

（1）板片基础部位缝合：

①选择 2D 视窗工具栏中 "■（线缝纫）" 工具，将大襟在门襟处与织带缝合；将织带与镶边缝合；将后片右侧缝与小襟侧缝对应缝合、后片左侧缝与大襟左侧缝对应缝合；将后片右肩线与小襟肩线、后片左肩线与大襟肩线缝合。

②选择 2D 视窗工具栏中 "■（自由缝纫）" 工具，将后片右袖窿与小襟袖窿缝合；将后片左袖窿与大襟左袖窿缝合；将小襟口袋与小襟板片上口袋位对应缝合。

（2）衣袖部位缝合：

①选择 2D 视窗工具栏中"▣（线缝纫）"工具，将袖口、织带、接袖各自侧缝缝合。

②选择 2D 视窗工具栏中"▣（自由缝纫）"工具，将袖口与织带、织带与接袖对应缝合；将右袖接袖分别与小襟袖、后片右袖缝合，左袖接袖分别与大襟袖、后片左袖缝合。

（3）衣领部位缝合：

衣领与衣身的缝合属于 1：N 缝合关系。

①选择 2D 视窗工具栏中"▣（自由缝纫）"工具，从衣领底线与后中交点单击，向右移动至前颈点单击选中右半边领底线。

②按住"Shift"键，从后片领口线与后中交点单击，沿后领口线移动至右片侧颈点单击，然后从小襟侧颈点单击，沿前领口线移动至小襟前颈点单击，松开"Shift"键，完成前右半边衣领的缝合。

③同样操作完成左半边衣领缝合设置。

（4）盘扣部位缝合：

①选择 2D 视窗工具栏中"▣（线缝纫）"工具，将盘扣的两端与小襟、大襟镶边对应位置缝合，如图 6-1-12 所示。

②同样操作将其他盘扣两端与对应位置缝合，注意领口与盘扣缝合时两端对应的方向。

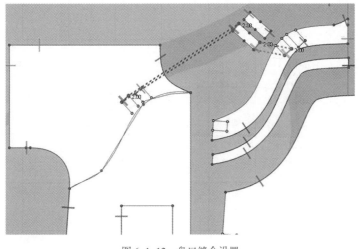

图 6-1-12　盘口缝合设置

最后，通过 3D 视窗查看客家大襟衫的缝合设置，检查是否出现漏缝、错缝、缝纫交叉等问题，并及时纠正。

5. 3D 模拟试穿

（1）3D 模拟：

①鼠标单击系统界面右下角 "3D"，显示 3D 视窗，选择 3D 视窗工具栏中 " （选择 / 移动）" 工具，按 "Ctrl + A" 组合键选中所有板片，在选中板片上单击鼠标右键弹出右键菜单，选择 "硬化"，将所有板片硬化处理。

②左键单击 3D 视窗工具栏中 " （模拟）" 工具，或按下空格键，打开模拟视窗，客家大襟衫根据缝合关系进行模拟试穿，完成基本试穿效果。

③选择 3D 视窗工具栏中 " （选择 / 移动）" 工具，按 "Ctrl + A" 组合键选中所有板片，在选中板片上单击鼠标右键弹出右键菜单，选择 "解除硬化"，完成解除。

④鼠标单击系统界面右下角 "2D"，显示 2D 视窗，选择 2D 视窗工具栏中 " （调整板片）" 工具，左键单击选择衣领，单击右键弹出右键菜单，选择 "克隆层（内侧）"，克隆内层衣领；鼠标单击系统界面右下角 "3D"，显示 3D 视窗；左键单击 3D 视窗工具栏中 " （模拟）" 工具，或按下空格键，打开模拟视窗，完成客家大襟衫 3D 模拟试穿。

（2）设置模特姿态：

①在图库窗口双击 "Avatar" 打开模特库，双击 "Female_V1" 打开第一组女性模特界面，在 "Shoes" 中选择黑色平底鞋。

②双击打开 "Pose"，再双击打开 "Flat_on_Floor"，选择相应 Pose 进行 3D 试穿，效果以服装悬垂、无抖动为宜，大襟衫正、背面模拟效果如图 6-1-13、图 6-1-14 所示。

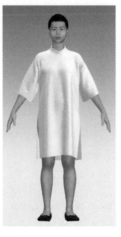 

图 6-1-13　大襟衫正面　　图 6-1-14　大襟衫背面

6.面辅料设置

（1）面料物理属性设置：

①在图库窗口双击"Fabric"打开面料库，选中面料库中"Linen"面料，左键双击添加到物体窗口。

②按"Ctrl + A"组合键全选板片，右侧物体窗口中，在"Linen"条目上点击"应用于选择的板片上"按钮，设置客家大襟衫的面料属性为"Linen"。在右侧属性编辑器中设置颜色为"蓝色"。

（2）面料纹理设置：

①在右侧物体窗口选中"Linen"条目，单击"复制"，复制一条"Linen Copy1"条目，在条目上单击右键，选择"重命名"，填入"镶边"。在属性编辑器中设置面料纹理，对应"镶边_Color"贴图，颜色设置为"灰色"；选择 2D 视窗工具栏中"▰（调整板片）"工具，选中大襟镶边板片，将其面料属性设置为"镶边"；选择 3D 视窗工具栏中"▰（编辑纹理）"工具，鼠标单击镶边板片，在右上角调整阀中调整纹理至合适大小。

②在右侧物体窗口选中"Linen"条目，单击"复制"，复制一条"Linen Copy2"条目，在条目上单击右键，选择"重命名"，填入"织带"。在属性编辑器中设置面料纹理，对应"织带_Color"贴图，颜色设置为"白色"；选择 2D 视窗工具栏中"▰（调整板片）"工具，选中大襟织带板片、衣袖织带板片，将其面料属性设置为"织带"；选择 3D 视窗工具栏中"▰（编辑纹理）"工具，鼠标单击织带板片，在右上角调整阀中调整纹理至合适大小。

③在右侧物体窗口选中"Linen"条目，单击"复制"，复制一条"Linen Copy3"条目，在条目上单击右键，选择"重命名"，填入"盘扣"。在属性编辑器中设置面料纹理，对应"盘扣_Color"贴图，颜色设置为"蓝色"；选择 2D 视窗工具栏中"▰（调整板片）"工具，选中所有盘扣板片，将其面料属性设置为"盘扣"；选择 3D 视窗工具栏中"▰（编辑纹理）"工具，鼠标单击盘扣板片，在右上角调整阀中调整纹理至合适大小。

④在右侧物体窗口选中"Linen"条目，单击"复制"，复制一条"Linen Copy4"条目，在条目上单击右键，选择"重命名"，填入"接袖"。在属性编辑器中颜色设置为"白色"；选择 2D 视窗工具栏中"▰（调整板片）"工具，选中衣袖接袖板片，将其面料属性设置为"接袖"。

7. 成衣展示

（1）选择 3D 视窗工具栏中 "🔧（提高服装品质）" 工具，打开高品质属性编辑器，将服装粒子间距调整为 "5"，打开模拟，完成客家大襟衫高品质模拟。

（2）选择菜单 "文件→快照→3D 视窗"，输出多角度视图，客家大襟衫正、背面模拟图如图 6-1-15、图 6-1-16 所示。

 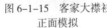 

图 6-1-15　客家大襟衫　　　　图 6-1-16　客家大襟衫
正面模拟　　　　　　　　背面模拟

二、妈祖服饰 2D 制板与 3D 试衣

　　妈祖是民间传说中的海上护航女神，因能为渔民出海护航而深得沿海渔民的信奉。随着人口的迁徙和文化的传播，妈祖信仰流传到全球各地，形成了世界范围的妈祖文化。2009 年，妈祖信俗（Mazu belief and customs）被联合国教科文组织列入人类非物质文化遗产代表作名录，成为中国首个信俗类世界非物质文化遗产，也标志着妈祖信俗正式成为全人类的共同文化遗产。

　　福建莆田的湄洲岛是妈祖故里，这里一直流传着一首民谣："帆船头、大海衫、红黑裤子保平安"，说的便是湄洲女服饰。图 6-1-17 是由设计师肖小月创作的湄洲女若帆形象，准确反映了湄洲女服饰的特点。湄洲女服饰俗称妈祖服饰，其中帆船头也称妈祖髻，是一种形如帆船的发型；大海衫和红黑裤则是妈祖服的代表。妈祖服饰源于妈祖信仰，经历代传承和开发形成了独特的服饰形制和文化，是妈祖文化的重要组成部分。

　　目前，妈祖服的款式造型主要有三种类型：第一种是传

图 6-1-17　湄洲女形象

统妈祖服，也是最典型的妈祖服，上衣为海蓝色右衽大襟衫，下身为红黑拼接双色裤。传统妈祖服几乎无装饰或仅在袖口、裤口有少量粗细不均的条纹饰边，以天然的棉、麻面料为主，这种类型的妈祖服目前偶尔会在老年湄洲女中见到。第二种是改良妈祖服，也是目前最常见的妈祖服。在传统妈祖服制式基础上，对廓型、结构、工艺、材料均做了一定的改良。尤其是从事导游工作的年轻湄洲女子，将妈祖服改良成工作服，形成一道亮丽的风景线。第三种是创意妈祖服，主要在舞台表演、设计大赛中出现。在前两种妈祖服的基础上，进一步开展创新设计，将时尚元素、新型面料和现代工艺融入其中。三种妈祖服的基本特征如表 6-1-2 所示。

表 6-1-2　妈祖服饰分类

类型	款式造型	结构工艺	色彩	面料
传统妈祖服	大海衫、红黑裤	宽松、无省，偶有花边	蓝、黑、红	棉、麻
改良妈祖服	大海衫、红黑裤	合体、腰省，分割，斜摆；花边、镶边、刺绣、装饰缝等	蓝、黑、红；印花	棉、麻、真丝等
创意妈祖服	大海衫、红黑裤或其他	多元、现代	蓝、黑、红为主，辅以其他明快色彩	棉、麻、真丝、蕾丝、皮革等

本例为一款改良妈祖服，由大海衫和红黑裤组成，款式结构如图 6-1-18 所示。其中大海衫为立领、右衽大襟衫，前、后片设腰省形成合体结构。右肩、大襟、后肩、左前下侧、袖口等处采用印花面料拼接，拼接处及领口、袖口、下摆均设有嵌条装饰缝，大襟闭合处设中式盘扣。红黑裤改良为三截拼接，保持宽松造型，以红、黑为主色调，裤脚处采用与大海衫同质的印花面料拼接，形成整体呼应。其主要部位规格尺寸如表 6-1-3 所示。

图 6-1-18　妈祖服饰款式图

表 6-1-3　妈祖服饰主要部位规格尺寸（号型：160/84A）　　　单位：cm

部位	大海衫			红黑裤		
	胸围	衣长	袖长	号型	臀围	裤长
尺寸	92	60	45	160/68A	110	90

（一）大海衫 2D 制板与 3D 试衣

1. 大海衫 2D 制板

（1）女装原型导入：

打开富怡服装 CAD 系统 V8.0 设计与放码系统（RP-DGS），通过菜单"文档→打开"或快捷工具栏"📂（打开）"工具，打开女装上衣原型文件；通过菜单"号型→号型编辑"打开号型规格表，对照表 6-1-3 规格尺寸编辑大海衫尺寸。

（2）大海衫 2D 制板：

①通过前片结构处理将原型侧省进行处理。首先，取前片乳凸量一半作为前、后腰线对齐位置量，然后将后片袖窿底点对位到前片侧缝线，最后开深前片袖窿，删除侧省，使前、后侧缝等长。

②后片肩胛省通过开大后领口处理；采用的原型胸围尺寸为 96cm，根据大海衫胸围尺寸 92cm，需对原型进行修正处理，调整其胸围为 92cm，故将前侧缝内收"1.5cm"、后侧缝内收"0.5cm"；用"✂（剪断线）"和"🖊（橡皮擦）"工具删除不必要线条，形成调整后的上衣原型。

③用"🖊（智能笔）"工具，从后中线向下按照"衣长"尺寸延长，按住鼠标右键拖动至腰围与侧缝交点；前片参照后片对应处理，前、后侧缝各做"1.5cm"收腰处理，修顺侧缝线。

④从前、后片原省尖点向底摆做垂线，确定省位。前片省位在腰围处设"3cm"、在底摆处设"1cm"，做对称锥形省；后片同步操作；修顺前、后片底摆；用"✂（剪断线）"和"🖊（橡皮擦）"工具删除不必要线条，如图 6-1-19 所示。

⑤用"⋀（对称）"工具沿前中线将前片对称；用"🖊（智能笔）"工具从前颈点连接至右侧缝袖窿底点下"2cm"，适当调整曲度完成门襟开口；左前片肩线

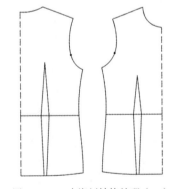

图 6-1-19　大海衫结构处理（一）

距侧颈点"5cm"取点，用"（智能笔）"工具连接至右侧缝袖窿底点下"7cm"，调整曲度完成门襟装饰分割处理；左前片侧缝从底摆止点向上取"10cm"，连接至腰省止点，调整曲度，完成拼接处理，如图 6-1-20 所示。

⑥用"（对称）"工具沿后中将后片对称；左、右肩距侧颈点各取"5cm"、后中向下取"5cm"，用"（智能笔）"工具顺序相连，完成后肩分割处理，如图 6-1-21 所示。

⑦用"（比较长度）"工具测量前、后袖窿长，分别记作"前 AH"和"后 AH"；按照一片袖结构制图方法完成衣袖结构；在袖口"6cm"处做接袖结构处理，如图 6-1-22 所示。

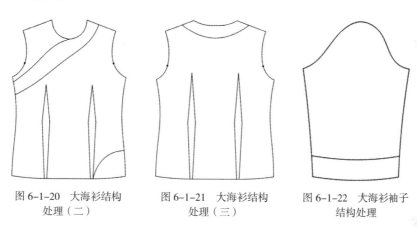

图 6-1-20　大海衫结构　　图 6-1-21　大海衫结构　　图 6-1-22　大海衫袖子
　　　处理（二）　　　　　　　处理（三）　　　　　　　结构处理

⑧用"（比较长度）"工具测量前、后领口尺寸，按照钝角立领结构制图方法完成衣领结构处理。

⑨在领口、大襟、侧缝等处确定盘扣位置；用"（剪断线）"和"（移动）"工具将各结构部位分离，完成大海衫的裁片分解。

⑩用"（剪刀）"工具将各裁片裁剪为纸样裁片，鼠标右键转换为"拾取辅助线"工具，将各裁片内部的省位、盘扣位等拾取；用"（布纹线）"工具调整各裁片布纹方向，完成大海衫 2D 制板，如图 6-1-23 所示。

⑪通过菜单"文档→输出 ASTM 文件"输出另存为"大海衫 .dxf"格式文件，方便与 3D 试衣软件系统对接。

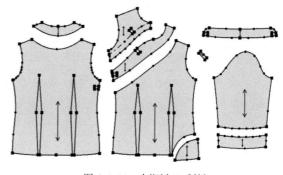

图 6-1-23　大海衫 2D 制板

2. 大海衫 3D 试衣

（1）人体模特和 2D 板片导入：

①打开 CLO 3D 软件系统，在图库窗口双击"Avatar"打开模特库，双击"Female_V1"打开第一组女性模特界面，双击选择导入其中一名女性模特。通过菜单"虚拟模特→虚拟模特编辑器"打开虚拟模特编辑器，按照国标 160/84A 号型对应的女性人体规格尺寸对模特主要部位尺寸进行调整，使其符合大海衫试衣的需要。

②通过菜单"文件→导入→ DXF（AAMA/ASTM）"导入大海衫文件（大海衫 .dxf），在选项中选择"打开""板片自动排列""优化所有曲线点"。

（2）2D 视窗板片处理：

①鼠标单击系统界面右下角"2D"，显示 2D 视窗，根据 2D 视窗中人体模特剪影，重新安排大海衫的 2D 板片位置。

②选择 2D 视窗工具栏中"▟（调整板片）"工具，左键单击选中袖片，按下"Shift"键加选袖口板片，单击右键弹出右键菜单，选择"对称板片（板片和缝纫线）"，对称复制衣袖板片；左键单击盘扣板片，单击右键弹出右键菜单，选择"复制"，然后再单击右键弹出右键菜单，选择"粘贴"，复制盘扣板片。

③选择 2D 视窗工具栏中"▟（勾勒轮廓）"工具，按住"Shift"键，左键点击选中前片其中一个腰省线（被选中省线呈黄色），单击右键弹出右键菜单，选择"切断"将省剪切，选择 2D 视窗工具栏中"▟（调整板片）"工具选中剪切的板片，按"Delete"键删除；按照同样操作将前、后片板片上所有省剪切删除。

④选择 2D 视窗工具栏中"▟（勾勒轮廓）"工具，按住"Shift"键，左键点击选中底襟上的盘扣、斜襟位置（被选中线呈黄色），单击右键弹出右键菜单，选择"勾勒为内部线 / 图形"，将其勾勒为内部线（勾勒完成线呈红色）；按照同样操作将大襟、后片、领口的盘扣位置线勾勒为内部线。

（3）3D 视窗板片安排：

①鼠标单击系统界面右下角"3D"，显示 3D 视窗，左键单击 3D 视窗工具栏中"▦ [重置 2D 安排位置（全部）]"，按照 2D 视窗中的板片位置重置 3D 视窗中的板片位置，如图 6-1-24 所示。

②选择 3D 视窗左上角"▦（显示虚拟模特）"中的"▦（显示安排点）"，打开虚拟模特安排点。

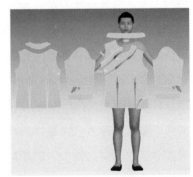

图 6-1-24　大海衫 3D 视窗板片位置

③按键盘数字键"2"，显示虚拟模特正面视图，运用 3D 视窗工具栏中"▣（选择 / 移动）"工具依次选择底襟、大襟、盘扣等板片，运用定位球将其放置在对应安排位置（注意将底襟放置在靠近虚拟模特最里层，盘扣放置在最外层）。

④按下鼠标右键将虚拟模特旋转至前侧面，运用 3D 视窗工具栏中"▣（选择 / 移动）"工具选中衣袖和袖头板片，放置在手臂对应位置。

⑤按键盘数字键"8"，显示虚拟模特背面视图，运用 3D 视窗工具栏中"▣（选择 / 移动）"工具依次选择衣领、后片、盘扣等板片，运用定位球将其放置在对应安排位置（注意将盘扣放置在外层）。

⑥选择 3D 视窗左上角"▣（显示虚拟模特）"中的"▣（显示安排点）"，隐藏安排点，完成大海衫板片的 3D 安排。

⑦运用 3D 视窗工具栏中"▣（选择 / 移动）"工具，选择大海衫板片，通过定位球调整各板片至合适位置。

（4）板片缝合设置：

鼠标单击系统界面右下角"3D/2D"，同时显示 3D 和 2D 视窗，根据需要随时调整 2D 视窗与 3D 视窗大小关系，方便随时查看缝合状态。

①省的缝合：选择 2D 视窗工具栏中"▣（线缝纫）"工具，对前、后片每个省进行缝合设置，左键分别单击省的两条边线完成缝合设置，注意缝合方向保持一致，不要交叉。

②板片基础部位的缝合：选择 2D 视窗工具栏中"▣（线缝纫）"工具，将前、后片侧缝缝合；将前片与大襟拼接片对应缝合；将前片与左下侧拼接片对应缝合；选择 2D 视窗工具栏中"▣（线缝纫）"工具，将后片与后肩拼接片对应缝合。

③衣袖部位的缝合：选择 2D 视窗工具栏中"▣（线缝纫）"工具，将袖口拼接片与衣袖对应缝合；将左、右衣袖及袖口拼接片的侧缝缝合；选择 2D 视窗工具栏中"▣（线缝纫）"工具，衣袖袖山与前、后片袖窿对应缝合。

④衣领部位的缝合：选择 2D 视窗工具栏中"▣（自由缝纫）"工具，从衣领底线与后中交点单击，向右移动至领角点单击选中右半边领底线。按住"Shift"键，从后片领口线与后中交点单击，沿后领口线移动至右片侧颈点单击，然后在底襟侧颈点单击，沿前领口线移动至底襟前颈点单击，松开"Shift"键，完成前右半边衣领的缝合。同样操作完成左半边衣领缝合设置。

⑤右肩线的缝合：右肩线的缝合属于 1∶N 缝合。选择 2D 视窗工具栏中"▣（自

由缝纫）"工具，从底襟肩线肩点单击，沿肩线移动至侧颈点单击选中的前肩线；按住"Shift"键，从后片右肩点单击，沿肩线移动至后肩拼接处单击，然后在后片拼接处单击，沿肩线移动至侧颈点单击，松开"Shift"键，完成前、后片右肩线的缝合。

⑥左肩线的缝合：左肩线的缝合属于 M∶N 缝合。选择 2D 视窗工具栏中" "（M∶N 自由缝纫）"工具，左键单击前片左肩点，沿肩线移动至大襟拼接片与肩线交点单击，再在大襟拼接片处单击，沿肩线移动至侧颈点单击，按下"Enter"键结束，完成"M"段缝纫选择；然后左键单击后片左肩点，沿肩线移动至后肩拼接处单击，再在后片拼接处单击，沿肩线移动至侧颈点单击，按下"Enter"键结束，完成"N"段缝纫选择，并完成前、后片左肩线 M∶N 缝合设置。

⑦盘扣部位的缝合：选择 2D 视窗工具栏中" "（线缝纫）"工具，将盘扣的两端与底襟、大襟拼接片上盘扣的对应位置缝合。同样操作将其他盘扣两端与对应位置缝合，注意领口与盘扣缝合时两端对应的方向。

最后，通过 3D 视窗查看大海衫的缝合设置，检查是否出现漏缝、错缝、缝纫交叉等问题，并及时纠正。

（5）3D 模拟试穿：

①鼠标单击系统界面右下角"3D"，显示 3D 视窗，选择 3D 视窗工具栏中" "（选择 / 移动）"工具，按"Ctrl + A"组合键选中所有板片，在选中板片上单击鼠标右键弹出右键菜单，选择"硬化"，将所有板片硬化处理。

②左键单击 3D 视窗工具栏中" "（模拟）"工具，或按下空格键，打开模拟界面，根据缝合关系进行大海衫模拟试穿，完成基本试穿效果。

③选择 3D 视窗工具栏中" "（选择 / 移动）"工具，按"Ctrl + A"组合键选中所有板片，在选中板片上单击鼠标右键弹出右键菜单，选择"解除硬化"，完成解除。

④鼠标单击系统界面右下角"2D"，显示 2D 视窗，选择 2D 视窗工具栏中" "（调整板片）"工具，左键单击选衣领板片，在右侧属性编辑器中，选择"粘衬 / 削薄"，选择"粘衬"，为衣领板片粘衬。

⑤鼠标单击系统界面右下角"3D"，显示 3D 视窗，左键单击 3D 视窗工具栏中" "（模拟）"工具，或按下空格键，打开模拟，完成大海衫 3D 模拟试穿。

（6）面辅料设置：

①在图库窗口双击"Fabric"打开面料库，选中面料库中"Cotton_Gabarbine"面料，左键双击添加到物体窗口。按"Ctrl + A"组合键全选板片，右侧物体窗口中，在

"Cotton_Gabarbine"条目上点击"应用于选择的板片上"按钮,设置大海衫的面料属性为"Cotton_Gabarbine"。在右侧属性编辑器中设置颜色为"蓝色"。

②在右侧物体窗口选中"Cotton_Gabarbine"条目,单击"复制",复制一条"Cotton_Gabarbine Copy1"条目,在条目上单击右键,选择"重命名",填入"印花拼接"。在属性编辑器中设置面料纹理,对应"拼接_Color"贴图,颜色设置为"Gray 1";选择 2D 视窗工具栏中"▰(调整板片)"工具,选中底襟和所有拼接板片,将其面料属性设置为"印花拼接";选择 3D 视窗工具栏中"▰(编辑纹理)"工具,鼠标单击拼接板片,在右上角调整阀中调整纹理至合适大小。

③在右侧物体窗口选中"Cotton_Gabarbine"条目,单击"复制",复制一条"Cotton_Gabarbine Copy2"条目,在条目上单击右键,选择"重命名",填入"盘扣"。在属性编辑器中设置面料纹理,对应"盘扣_Color"贴图,颜色设置为"蓝色";选择 2D 视窗工具栏中"▰(调整板片)"工具,选中所有盘扣板片,将其面料属性设置为"盘扣";选择 3D 视窗工具栏中"▰(编辑纹理)"工具,鼠标单击盘扣板片,在右上角调整阀中调整纹理至合适大小。

④在右侧物体窗口选中"Cotton_Gabarbine"条目,单击"复制",复制一条"Cotton_Gabarbine Copy3"条目,在条目上单击右键,选择"重命名",填入"嵌条"。在属性编辑器中,颜色设置为"Cyan 1"。

⑤选择 3D 视窗工具栏中"▰(嵌条)"工具,在衣领及各拼接板片的缝合线位置编辑设置嵌条,在右侧属性编辑器中设置织物为"嵌条"、宽度为 0.2cm。

⑥左键单击 3D 视窗工具栏中"▼(模拟)"工具,或按下空格键,打开模拟界面,大海衫正、背面模拟图如图 6-1-25、图 6-1-26 所示。

图 6-1-25　大海衫正面模拟　　　　图 6-1-26　大海衫背面模拟

最后,通过菜单"文件→另存为→服装",将文件另存为"大海衫 .zpac",以备接下来组合试衣需要。

（二）红黑裤 2D 制板与 3D 试衣

1. 红黑裤 2D 制板

（1）红黑裤基本结构处理：

①打开富怡服装 CAD 系统 V8.0 设计与放码系统（RP-DGS），通过菜单"号型→号型编辑"打开号型规格表，对照表 6-1-3 规格尺寸编辑红黑裤尺寸。

②按照裤子基本构成关系完成红黑裤结构处理，细部尺寸参照图 6-1-27。

（2）红黑裤 2D 制板：

①用"✂（剪断线）"和"✏（橡皮擦）"工具删除不必要线条。

②前、后片裤脚处向上取"8cm"，做横向分割处理。

③前片横裆线与髋骨线之间取中点，做横向分割；后片从侧缝处按前片分割尺寸对应截取，做横向分割。

④用"▢（矩形）"工具做腰头，长取"70cm"、宽取"4cm"；将腰头宽取四等分，做松紧带定位线，如图 6-1-28 所示。

⑤用"✂（剪断线）"和"🔀（移动）"工具将前、后各裁片分离（图 6-1-29）。

⑥用"✂（剪刀）"工具将各裁片裁剪为纸样裁片，鼠标右键转换为"拾取辅助线"工具，将腰头松紧定位线拾取为内部线；用"🧵（布纹线）"工具调整各裁片布纹方向，完成红黑裤制板，如图 6-1-29 所示。

⑦通过菜单"文档→输出 ASTM 文件"输出另存为"红黑裤 .dxf"格式文件，方便与 3D 试衣软件系统对接。

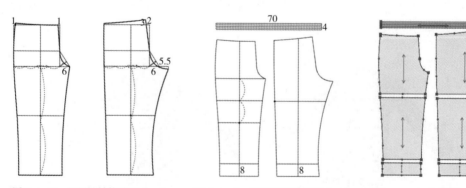

图 6-1-27 红黑裤结构处理（一）　　图 6-1-28 红黑裤结构处理（二）　　图 6-1-29 红黑裤 2D 制板

2. 红黑裤 3D 试衣

（1）人体模特和 2D 板片导入：

①打开 CLO 3D 软件系统，在图库窗口双击"Avatar"打开模特库，双击

"Female_V1"打开第一组女性模特界面，双击选择导入其中一名女性模特。通过菜单"虚拟模特→虚拟模特编辑器"打开虚拟模特编辑器，按照国标 160/68A 规格号型对应的女性人体尺寸对模特主要部位尺寸进行调整，使其符合红黑裤试衣的需要。

②通过菜单"文件→导入→ DXF（AAMA/ASTM）"导入红黑裤文件（红黑裤 .dxf），在选项中选择"打开""板片自动排列""优化所有曲线点"。

（2）2D 视窗板片处理：

①鼠标单击系统界面右下角"2D"，显示 2D 视窗，根据 2D 视窗中人体模特剪影，重新安排红黑裤的 2D 板片位置。

②选择 2D 视窗工具栏中"■（编辑板片）"工具，左键单击选中腰头后中线，单击右键弹出右键菜单，选择"对称展开编辑（缝纫线）"，将腰头板片对称补齐。

③选择 2D 视窗工具栏中"■（调整板片）"工具，左键单击裤前片板片，按下"Shift"键，加选前片所有板片，单击右键弹出右键菜单，选择"对称板片（板片和缝纫线）"，对称复制板片，同时按下"Shift"键，将对称板片水平移动放置在合适位置；按照同样操作将裤后片所有板片复制，并水平移动放置在合适位置。

④选择 2D 视窗工具栏中"■（勾勒轮廓）"工具，左键点击选中腰头松紧带定位线，按下"Shift"键进行加选（被选中线呈黄色），单击右键弹出右键菜单，选择"勾勒为内部线/图形"，将其勾勒为内部线（完成线呈红色）。

（3）腰头缝合设置：

①鼠标单击系统界面右下角"3D"，显示 3D 视窗，左键单击 3D 视窗工具栏中"■[重置 2D 安排位置（全部）]"，按照 2D 视窗中的板片位置重置 3D 视窗中的板片位置。

②选择 2D 视窗工具栏中"■（调整板片）"工具，框选除腰头以外的所有板片，在 3D 视窗中的选中板片上单击右键弹出右键菜单，选择"反激活"，将选中板片反激活。

③选择 3D 视窗左上角"■（显示虚拟模特）"中的"■（显示安排点）"，打开虚拟模特安排点。

④按键盘数字键"2"，显示虚拟模特正面视图，运用 3D 视窗工具栏中"■（选择/移动）"工具选择腰头板片，放置在对应位置安排点；在右侧属性编辑器中调整"间距"，使腰头与人体模特处于合理位置。

⑤选择 2D 视窗工具栏中"■（编辑板片）"工具，左键单击选择腰头松紧带定位

线，按下"Shift"键，加选所有定位线及腰头上边缘线；在右侧属性编辑器中设置"弹性"，线段长度设置为实际腰围尺寸。

⑥选择 2D 视窗工具栏中"■（线缝纫）"工具，分别单击腰头后中线，将腰头后中缝合；左键单击 3D 视窗工具栏中"■（模拟）"工具，或按下空格键，打开模拟，将腰头缝合。

⑦选择 2D 视窗工具栏中"■（调整板片）"工具，左键单击选中腰头板片，单击右键弹出右键菜单，选择"克隆层（内侧）"，克隆内层腰头。

⑧左键单击 3D 视窗工具栏中"■（模拟）"工具，或按下空格键，打开模拟界面，完成腰头缝合。

（4）3D 视窗板片安排：

①选择 2D 视窗工具栏中"■（调整板片）"工具，框选除腰头以外的所有板片，在 3D 视窗中的选中板片上单击右键弹出右键菜单，选择"激活"，将选中板片激活。

②选择 3D 视窗左上角"■（显示虚拟模特）"中的"■（显示安排点）"，打开虚拟模特安排点。

③按键盘数字键"2"，显示虚拟模特正面视图，运用 3D 视窗工具栏中"■（选择 / 移动）"工具选择裤前片对应板片，放置在对应安排点。

④按键盘数字键"8"，显示虚拟模特背面视图，运用 3D 视窗工具栏中"■（选择 / 移动）"工具选择裤后片对应板片，放置在对应安排点。

⑤选择 3D 视窗左上角"■（显示虚拟模特）"中的"■（显示安排点）"，隐藏安排点，完成红黑裤板片的 3D 安排。

⑥运用 3D 视窗工具栏中"■（选择 / 移动）"工具，选择红黑裤板片，通过定位球调整各板片至合适位置。

（5）板片缝合设置：

①选择 2D 视窗工具栏中"■（线缝纫）"工具，分别单击前、后各片侧缝线对应位置，完成前、后片在侧缝的缝合设置；分别单击前、后各片内缝线对应位置，完成前、后片在内缝线的缝合设置；分别单击前、后片上下各片对应缝线，完成前、后片上下位置缝合设置。

②选择 2D 视窗工具栏中"■（自由缝纫）"工具，左键单击后片后中与腰围交点，沿后中向下至后裆弯止点单击，在另一片后中同样操作，完成后片后中及后裆弯缝合设置；左键单击前片前中与腰围交点，沿前中向下至前裆弯止点单击，在另一片前中

同样操作，完成前片前中及前裆弯缝合设置。

③选择 2D 视窗工具栏中"▓（自由缝纫）"工具，左键单击腰头前中点，沿腰线向右移动至后中点再次单击选中右侧腰线，按住"Shift"键，单击前片的前中点，沿腰线移动至腰围与侧缝交点单击，再在后片腰围与侧缝交点单击，沿腰线移动至后片后中点单击，松开"Shift"键，完成腰头与前、后片的缝合，如图 6-1-30 所示。

④通过 3D 视窗查看红黑裤的缝合设置，检查是否出现漏缝、错缝、缝纫交叉等问题，并及时纠正，完成红黑裤板片缝合设置。

（6）3D 模拟试穿：

①鼠标单击系统界面右下角"3D"，显示 3D 视窗，选择 3D 视窗工具栏中"▓（选择/移动）"工具，按"Ctrl + A"组合键选中所有板片，在选中板片上单击鼠标右键弹出右键菜单，选择"硬化"，将所有板片硬化处理。

②左键单击 3D 视窗工具栏中"▓（模拟）"工具，或按下空格键，打开模拟界面，红黑裤根据缝合关系进行模拟试穿，完成硬化试穿效果，如图 6-1-31 所示。

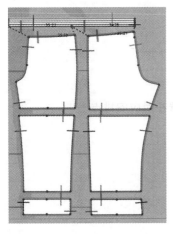
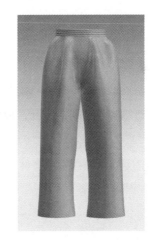

图 6-1-30　腰头 1：N 缝合　　　图 6-1-31　红黑裤硬化模拟效果

③选择 3D 视窗工具栏中"▓（选择/移动）"工具，按"Ctrl + A"组合键选中所有板片，在选中板片上单击鼠标右键弹出右键菜单，选择"解除硬化"，完成解除。

④在图库窗口双击"Avatar"打开模特库，双击"Female_V1"打开第一组女性模特界面，在"Shoes"中选择黑色平底鞋。双击打开"Pose"，再双击打开"Flat_on_Floor"，选择双手侧张开 Pose 进行 3D 试穿。

（7）面辅料设置：

①在图库窗口双击"Fabric"打开面料库，选中面料库中"Cotton_Gabarbine"面

料，左键双击添加到物体窗口。

②按"Ctrl + A"组合键全选板片，右侧物体窗口中，在"Cotton_Gabarbine"条目上点击"应用于选择的板片上"按钮，设置红黑裤的面料属性为"Cotton_Gabarbine"。在右侧属性编辑器中设置颜色为"红色"。

③在右侧物体窗口选中"Cotton_Gabarbine"条目，单击"复制"，复制一条"Cotton_Gabarbine Copy1"条目。在属性编辑器中设置颜色为"黑色"；选择 2D 视窗工具栏中"▰（调整板片）"工具，选中腰头和前、后片的中间板片，将其面料属性设置为"Cotton_Gabarbine Copy1"。

④在右侧物体窗口选中"Cotton_Gabarbine"条目，单击"复制"，复制一条"Cotton_Gabarbine Copy2"条目。在属性编辑器中设置面料纹理，对应"拼接 _Color"贴图，颜色设置为"Gray 1"；选择 2D 视窗工具栏中"▰（调整板片）"工具，选中前、后片的脚口拼接板片，将其面料属性设置为"Cotton_Gabarbine Copy2"；选择 3D 视窗工具栏中"▰（编辑纹理）"工具，鼠标单击脚口拼接板片，在右上角调整阀中调整纹理至合适大小。

⑤左键单击 3D 视窗工具栏中"⬇（模拟）"工具，或按下空格键，打开模拟，红黑裤正、背面模拟图如图 6-1-32、图 6-1-33 所示。

图 6-1-32　红黑裤　　图 6-1-33　红黑裤
正面模拟　　　　背面模拟

⑥通过菜单"文件→保存项目文件"，保存红黑裤项目文件"红黑裤 .Zprj"。

（三）妈祖服饰（大海衫与红黑裤组合）3D 试衣

1. 项目文件预处理

（1）打开 CLO 3D 软件系统，通过菜单"文件→打开→项目"，打开红黑裤项目文件"红黑裤 .Zprj"。

（2）通过菜单"文件→添加→服装"，将大海衫的服装文件"大海衫 .zpac"添加至工作区。在"增加服装"选项中，加载类型为"增加"、移动为"0"。

（3）在 2D 视窗中，用"▰（调整板片）"工具选中大海衫板片，向上拖动到红黑裤板片上方，确保板片间不要重叠，如图 6-1-34 所示。

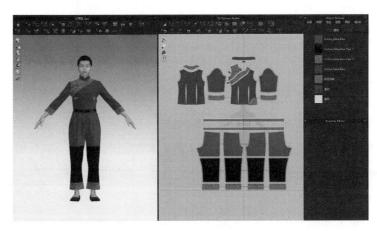

图 6-1-34　大海衫服装文件加载

2. 妈祖服饰 3D 试衣

（1）在 2D 视窗中，用"▲（调整板片）"工具选中大海衫板片，在右侧属性编辑器中，模拟属性中的层设置为"1"，此时大海衫变为荧光绿色。

（2）左键单击 3D 视窗工具栏中"▼（模拟）"工具，或按下空格键，打开模拟界面，大海衫和红黑裤将根据缝合关系、层次安排进行模拟试穿，大海衫将位于外层。

（3）用"▲（调整板片）"工具选中大海衫板片，在右侧属性编辑器中，模拟属性中的层设置为"0"，大海衫变回正常色。

（4）在图库窗口双击"Avatar"打开模特库，双击"Female_V1"打开第一组女性模特界面，双击"Pose"打开模特姿态库，再双击打开"Flat_on_Floor"，选择相应 Pose 进行 3D 试穿，效果以服装悬垂、无抖动为宜。

（5）选择 3D 视窗工具栏中"↥（提高服装品质）"工具，打开高品质属性编辑器，将服装粒子间距调整为"5"，打开模拟，完成妈祖服饰高品质模拟。

（6）选择菜单"文件→快照→3D 视窗"，输出多角度视图；妈祖服饰正、背面模拟图分别如图 6-1-35、图 6-1-36 所示。

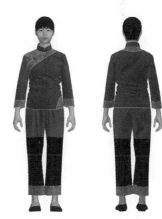

图 6-1-35　妈祖　　图 6-1-36　妈祖
服饰正面模拟　　服饰背面模拟

三、蟳埔服饰 2D 制板与 3D 试衣

蟳埔女、惠安女、湄洲女一同被誉为福建的三大渔女，是闽南沿海一大民俗奇

观。2008 年，蟳埔女民俗活动被列为第二批国家非物质文化遗产名录，而以"簪花围、丁香坠、大裾衫、宽腿裤"为主要特征的蟳埔女传统服饰是蟳埔民俗活动不可或缺的重要元素。

　　头戴簪花围、上身着大裾衫、下身穿宽腿裤，这便是极具地域文化识别特征的蟳埔女服饰形象。图 6-1-37 是由设计师肖小月创作的蟳埔女寻芳形象，准确反映了蟳埔女服饰的特点。蟳埔女服饰有着独特的海洋文化民俗特征，在我国传统服饰文化中独具特色。

　　蟳埔女日常所穿的上衣称为大裾衫，为立领、斜襟右衽大襟衫，衣长介于腰臀之间，传统大裾衫的颜色以蓝色或青色为主，老年妇女以黑色为主。结构上采用传统的十字平面结构，袖与衣身相连，肩部连裁，衣袖一般为接袖结构，长

图 6-1-37　蟳埔女形象

至小臂中段。大裾衫的突出特点是衣身由两种面料上下拼接而成，其中上部一般采用印花图案面料。前片拼接的位置左高右低，左边拼接比右边高出"2cm"，有"男左女右、男高女低"之意。大襟和底襟及侧襟处由六粒一字扣系结，取六六大顺之意。衣身两侧开衩，领圈、大襟、侧缝、下摆等处设"3cm"的贴边，下摆呈弧线形，侧缝处起翘"6~7cm"，弧度平缓，穿着效果上紧下松，动静皆宜。

　　蟳埔女日常所穿的下装称为宽腿裤，也称宽筒裤，裤身肥大，前后一致，裤筒宽一尺左右，以黑、蓝为主色，裤头多用白色、蓝色。常使用绸料或者化纤面料，轻柔爽滑。宽腿裤的裆部采用插裆设计，裆部拼接的菱形插片增加了裆部活动空间，便于蟳埔女日常劳作。腰围与臀围一致，腰头拼接"12~20cm"宽的双层蓝色或白色布料。

　　本例是一套典型的蟳埔女服，由大裾衫和宽腿裤组成，如图 6-1-38 所示。其中大裾衫为立领、斜襟右衽，蓝色为主色调，由纯色与红白图案印花两种面料拼接而成。宽腿裤为宽松直筒裤，裤身为黑色，腰头拼接为浅蓝色。蟳埔女装部位规格尺寸如表 6-1-4 所示。

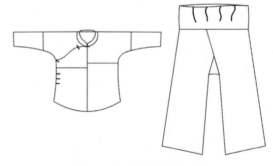

图 6-1-38　蟳埔服饰款式图

表6-1-4　蟳埔服饰主要部位规格尺寸　　　　　　　　　单位：cm

部位	大裾衫						宽腿裤			
	胸围	衣长	领围	领宽	通袖长	摆围	裤长	腰围	腰头宽	裤口宽
尺寸	96	57	36	3.5	108	106	82	106	12	30

（一）大裾衫2D制板与3D试衣

1. 大裾衫2D制板

该款大裾衫为传统的平面构成，衣身、衣袖呈"十字型"结构，采用肩线连片式裁剪。左后片与大襟左片相连，右后片与底襟相连。

（1）打开富怡服装CAD系统V8.0设计与放码系统（RP-DGS），通过菜单"号型→号型编辑"打开号型规格表，对照表6-1-4规格尺寸编辑大裾衫尺寸。

（2）用"　（智能笔）"工具画水平线，取值"通袖长/2"，从右端点向下画竖直线，取值"衣长"；从交点处分别取领宽"领围/5"、领深"8cm"做前领口线，参照图6-1-39所示完成基本结构关系。

（3）用"　（圆角）"工具将侧缝与袖侧缝圆顺相连；用"　（剪断线）"和"　（橡皮擦）"工具删除不必要线条；从前颈点向腋下点做"凸凹型"门襟开口；从前颈点沿前中线向下取"20cm"，做水平分割，同时完成底襟结构；侧缝起翘"6cm"，修顺底摆；距袖口"22cm"处接袖结构，如图6-1-40所示。

（4）用"　（对称）"工具沿前中线将衣身、衣袖轮廓线对称，左前片从前颈点沿前中线向下取"18cm"，做水平分割；左前片侧缝做"6cm"开衩，完成大裾衫前片结构处理，如图6-1-41所示。

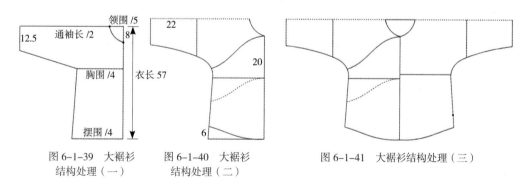

图6-1-39　大裾衫　　　图6-1-40　大裾衫　　　图6-1-41　大裾衫结构处理（三）
　结构处理（一）　　　　结构处理（二）

（5）用"　（对称）"工具沿袖中线将前片轮廓线对称；用"　（比较长度）"工具测量前、后领长度，按照钝角立领结构设计方法完成衣领结构；用"　（剪断线）"和"$\ \mathscr{I}$（橡皮擦）"工具删除不必要线条，完成大裾衫结构处理；在领口、大襟、侧缝等处确定盘扣位置，如图 6-1-42 所示。

（6）用"$\ \chi$（剪断线）"和"$\ $（移动）"工具将各裁片分离；用"$\ \chi$（剪刀）"工具将各裁片裁剪为纸样裁片，鼠标右键转换为"拾取辅助线"工具，将各裁片内部的盘扣位等拾取；用"$\ $（布纹线）"工具调整各裁片布纹方向，完成大裾衫 2D 制板，如图 6-1-43 所示。

（7）通过菜单"文档→输出 ASTM 文件"输出另存为"大裾衫 .dxf"格式文件，方便与 3D 试衣软件系统对接。

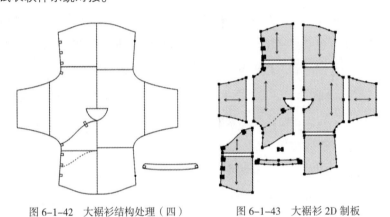

图 6-1-42　大裾衫结构处理（四）　　　　图 6-1-43　大裾衫 2D 制板

2. 大裾衫 3D 试衣

（1）人体模特和 2D 板片导入：

①打开 CLO 3D 软件系统，在图库窗口双击"Avatar"打开模特库，双击"Female_V1"打开第一组女性模特界面，双击选择导入其中一名女性模特。通过菜单"虚拟模特→虚拟模特编辑器"打开虚拟模特编辑器，按照国标 160/84A 号型对应的女性人体规格尺寸对模特主要部位尺寸进行调整，使其符合大裾衫试衣的需要。

②通过菜单"文件→导入→DXF（AAMA/ASTM）"导入大裾衫文件（大裾衫 .dxf），在选项中选择"打开""板片自动排列""优化所有曲线点"。

（2）2D 视窗板片处理：

①鼠标单击系统界面右下角"2D"，显示 2D 视窗，根据 2D 视窗中人体模特剪影，重新安排大裾衫的 2D 板片位置。

②选择 2D 视窗工具栏中"$\ \blacktriangle$（调整板片）"工具，左键单击选中盘扣板片，单击右键弹出右键菜单，选择"复制"，然后再单击右键弹出右键菜单，选择"粘贴"，复制

盘扣板片。

③选择 2D 视窗工具栏中"■（勾勒轮廓）"工具，按住"Shift"键，左键点击选中底襟的盘扣、斜襟位置（被选中线呈黄色），单击右键弹出右键菜单，选择"勾勒为内部线 / 图形"，将其勾勒为内部线（勾勒完成线呈红色）；按照同样操作将大襟、后片、领口的盘扣线勾勒为内部线。

（3）大襟、底襟板片安排与处理：

①鼠标单击系统界面右下角"3D"，显示 3D 视窗，左键单击 3D 视窗工具栏中"■ [重置 2D 安排位置（全部）]"，按照 2D 视窗中的板片位置重置 3D 视窗中的板片位置。

②选择 3D 视窗左上角"■（显示虚拟模特）"中的"■（显示 X-Ray 结合处）"，选中虚拟模特肩部结合处，运用定位球将模特手臂张开，以方便大裾衫板片安排。

③选择 3D 视窗左上角"■（显示虚拟模特）"中的"■（显示 X-Ray 结合处）"，关闭"显示 X-Ray 结合处"。

④按键盘数字键"2"，显示虚拟模特正面视图，运用 3D 视窗工具栏中"■（选择 / 移动）"工具选中底襟板片，移动放置在虚拟模特右肩附近，通过定位球将其调整平放至人体右上臂上方；同样操作将大襟左片放置在虚拟模特左上臂上方，如图 6-1-44 所示。

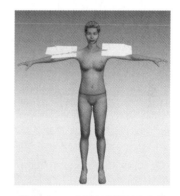

图 6-1-44　大襟与底襟板片安排

⑤运用 3D 视窗工具栏中"■（选择 / 移动）"工具选中除大襟、底襟外的其他所有板片，点击鼠标右键弹出右键菜单，选择"反激活（板片）"将其他板片反激活。

⑥选择 2D 视窗工具栏中"■（自由缝纫）"工具，将底襟与大襟在前、后中对应缝合；将底襟前、后袖窿缝合；将大襟前、后袖窿缝合。

⑦左键单击 3D 视窗工具栏中"■（模拟）"工具，或按下空格键，打开模拟界面；将大襟和底襟进行缝合模拟，鼠标左键适时调整，完成大襟和底襟的缝合，如图 6-1-45 所示。

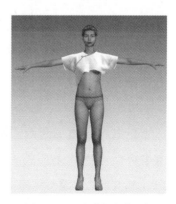

图 6-1-45　大襟与底襟缝合

（4）其他板片 3D 安排：

①运用 3D 视窗工具栏中"▨（选择／移动）"工具选中其他所有板片，鼠标右键弹出右键菜单，选择"激活"，将板片激活；选择 3D 视窗左上角"▨（显示虚拟模特）"中的"▨（显示安排点）"，打开虚拟模特安排点。

②按键盘数字键"2"，显示虚拟模特正面视图，运用 3D 视窗工具栏中"▨（选择／移动）"工具依次选择大襟左前片、大襟右前片、盘扣等板片，放置在对应位置（注意将大襟右前片放置在底襟外层、盘扣放置在最外层），如图 6-1-46 所示。

③按键盘数字键"8"，显示虚拟模特背面视图，运用 3D 视窗工具栏中"▨（选择／移动）"工具依次选择左后片、右后片等板片，放置在对应安排位置（注意调整方向）。

④按下鼠标右键将虚拟模特旋转至前侧面，运用 3D 视窗工具栏中"▨（选择／移动）"工具选中右接袖板片，放置在右小臂安排点；在右侧属性编辑器中设置方向设置为"90"；同样操作将左接袖放置在左手臂对应位置，方向设置为"270"，如图 6-1-47 所示。

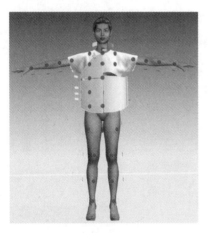

图 6-1-46　板片安排　　　　　图 6-1-47　袖片安排

⑤选择 3D 视窗左上角"▨（显示虚拟模特）"中的"▨（显示安排点）"，隐藏安排点，完成大裰衫板片的 3D 安排。

⑥运用 3D 视窗工具栏中"▨（选择／移动）"工具，选择大裰衫板片，通过定位球调整各板片至合适位置。

（5）板片缝合设置：鼠标单击系统界面右下角"3D/2D"，同时显示 3D 和 2D 视窗，根据需要随时调整 2D 视窗与 3D 视窗大小关系，方便随时查看缝合状态。

①板片基础部位的缝合：首先，选择 2D 视窗工具栏中"▩（编辑缝纫线）"工具，将底襟与大襟在前中处的缝合线删除。其次，选择 2D 视窗工具栏中"▩（线缝纫）"工具，将大襟左前片上下缝合、大襟右前片上下缝合；将左后片上下缝合、右后片上下缝合；将左前片与左后片侧缝对应缝合（注意开衩处不缝合）。最后，选择 2D 视窗工具栏中"▩（自由缝纫）"工具，将大襟左前片和右前片在前中处对应缝合；将左右后片在后中处对应缝合。

②衣袖部位的缝合：选择 2D 视窗工具栏中"▩（线缝纫）"工具，将左、右接袖的侧缝各自缝合；选择 2D 视窗工具栏中"▩（自由缝纫）"工具，将左、右接袖与衣身左、右片在接袖位置对应缝合。

③衣领部位的缝合：首先，选择 2D 视窗工具栏中"▩（自由缝纫）"工具，单击衣领底线与后中交点，向右移动至领角点单击选中右半边领底线。其次，按住"Shift"键，单击后片领口线与后中交点，沿后领口线移动至右片侧颈点单击，然后在底襟侧颈点单击，沿前领口线移动至底襟前颈点单击，松开"Shift"键，完成前右半边衣领的缝合。同样操作完成左半边衣领缝合设置。

④盘扣部位的缝合：选择 2D 视窗工具栏中"▩（线缝纫）"工具，将盘扣的两端与底襟、大襟板片上盘扣对应位置缝合。同样操作将其他盘扣两端与对应位置缝合，注意领口与盘扣缝合时两端对应的方向。

最后，通过 3D 视窗查看大裾衫的缝合设置，检查是否出现漏缝、错缝、缝纫交叉等问题，并及时纠正。

（6）3D 模拟试穿：

①鼠标单击系统界面右下角"3D"，显示 3D 视窗，选择 3D 视窗工具栏中"▩（选择/移动）"工具，按"Ctrl + A"组合键选中所有板片，在选中板片上单击鼠标右键弹出右键菜单，选择"硬化"，将所有板片硬化处理。

②左键单击 3D 视窗工具栏中"▩（模拟）"工具，或按下空格键，打开模拟界面，根据缝合关系进行大裾衫模拟试穿，完成基本试穿效果。

③选择 3D 视窗工具栏中"▩（选择/移动）"工具，按"Ctrl + A"组合键选中所有板片，在选中板片上单击鼠标右键弹出右键菜单，选择"解除硬化"，完成解除。

④鼠标单击系统界面右下角"2D"，显示 2D 视窗，选择 2D 视窗工具栏中"▩（调整板片）"工具，左键单击选衣领板片，在右侧属性编辑器"粘衬/削薄"中，选择"粘衬"，为衣领板片粘衬。

⑤在图库窗口双击"Avatar"打开模特库，双击"Female_V1"打开第一组女性模特界面，在"Shoes"中选择白色运动鞋。双击打开"Pose"，再双击打开"Flat_on_Floor"，选择双手臂斜 45°侧张开姿势；鼠标单击系统界面右下角"3D"，显示 3D 视窗，左键单击 3D 视窗工具栏中"▼（模拟）"工具，或按下空格键，打开模拟界面，完成大裰衫 3D 模拟试穿。

（7）面辅料设置：

①在图库窗口双击"Fabric"打开面料库，选中面料库中"Polyester_Taffeta"面料，左键双击添加到物体窗口。

②按"Ctrl + A"组合键全选板片，右侧物体窗口中，在"Polyester_Taffeta"条目上点击"应用于选择的板片上"按钮，设置大裰衫的面料属性为"Polyester_Taffeta"。在右侧属性编辑器中设置颜色为"Granada Sky"。

③在右侧物体窗口选中"Polyester_Taffeta"条目，单击"复制"，复制一条"Polyester_Taffeta Copy1"条目，在条目上单击右键，选择"重命名"，填入"印花拼接"。在属性编辑器中设置面料纹理，对应"拼接 _Color"贴图，颜色设置为"Granada Sky"；选择 2D 视窗工具栏中"◢（调整板片）"工具，选中大襟前、后片上半部分以及底襟板片，将其面料属性设置为"印花拼接"；选择 3D 视窗工具栏中"▨（编辑纹理）"工具，鼠标单击拼接板片，在右上角调整阀中调整纹理至合适大小。

④在右侧物体窗口选中"Polyester_Taffeta"条目，单击"复制"，复制一条"Polyester_Taffeta Copy2"条目，在条目上单击右键，选择"重命名"，填入"盘扣"。在属性编辑器中设置面料纹理，对应"盘扣 _Color"贴图，颜色设置为"Granada Sky"；选择 2D 视窗工具栏中"◢（调整板片）"工具，选中所有盘扣板片，将其面料属性设置为"盘扣"；选择 3D 视窗工具栏中"▨（编辑纹理）"工具，鼠标单击盘扣板片，在右上角调整阀中调整纹理至合适大小。

图 6-1-48　大裰衫正面模拟

⑤左键单击 3D 视窗工具栏中"▼（模拟）"工具，或按下空格键，打开模拟界面，大裰衫正、背面模拟图如图 6-1-48、图 6-1-49 所示。

图 6-1-49　大裰衫背面模拟

最后，通过菜单"文件→另存为→服装"，将文件另存为"大裾衫 .zpac"，以备接下来组合试衣需要。

（二）宽腿裤 2D 制板与 3D 试衣

1. 宽腿裤 2D 制板

蟳埔服饰的宽腿裤裤长一般为"82cm"，其中腰头宽为"12cm"；腰围一般为"106cm"。裤裆采用插裆设计，裆弯线采用斜裁，裤筒为直筒型，脚口宽"30cm"，前后一致，腰头一般为蓝色或白色。

（1）打开富怡服装 CAD 系统 V8.0 设计与放码系统（RP-DGS），通过菜单"号型→号型编辑"打开号型规格表，对照表 6-1-4 规格尺寸编辑宽腿裤尺寸。

（2）按照裤子基本构成关系完成宽腿裤结构处理，细部尺寸参照图 6-1-50。

（3）用"✂（剪断线）"和"▥（移动）"工具将宽腿裤各裁片分离。

（4）用"✂（剪刀）"工具将各裁片裁剪为纸样裁片；用"🎀（布纹线）"工具调整各裁片布纹方向，完成宽腿裤 2D 制板，如图 6-1-51 所示。

（5）通过菜单"文档→输出 ASTM 文件"输出另存为"宽腿裤 .dxf"格式文件，方便与 3D 试衣软件系统对接。

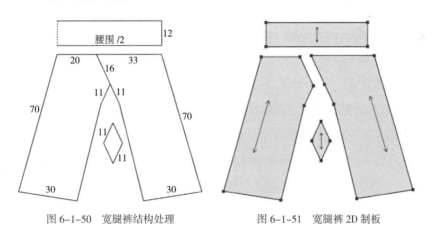

图 6-1-50　宽腿裤结构处理　　　　　　图 6-1-51　宽腿裤 2D 制板

2. 宽腿裤 3D 试衣

（1）人体模特和 2D 板片导入：

①打开 CLO 3D 软件系统，在图库窗口双击"Avatar"打开模特库，双击"Female_V1"打开第一组女性模特界面，双击选择导入其中一名女性模特。通过菜单"虚拟模特→虚拟模特编辑器"打开虚拟模特编辑器，按照国标 160/68A 号型对应的女

性人体规格尺寸对模特主要部位尺寸进行调整，使其符合宽腿裤试衣的需要。

②通过菜单"文件→导入→ DXF（AAMA/ASTM）"导入宽腿裤文件（宽腿裤 .dxf），选项中选择"打开""板片自动排列""优化所有曲线点"。

（2）2D 视窗板片处理：

①鼠标单击系统界面右下角"2D"，显示 2D 视窗，根据 2D 视窗中人体模特剪影，重新安排宽腿裤的 2D 板片位置。

②选择 2D 视窗工具栏中"▪▪（编辑板片）"工具，左键单击选中腰头后中线，单击右键弹出右键菜单，选择"对称展开编辑（缝纫线）"，将腰头板片对称补齐。

③选择 2D 视窗工具栏中"◢（调整板片）"工具，左键单击选中裤左前片板片，按下"Shift"键，加选右前片板片，单击右键弹出右键菜单，选择"对称板片（板片和缝纫线）"，对称复制板片，同时按下"Shift"键，将对称板片水平移动放置在合适位置。

（3）3D 视窗板片安排：

①鼠标单击系统界面右下角"3D"，显示 3D 视窗，左键单击 3D 视窗工具栏中"▦[重置 2D 安排位置（全部）]"，按照 2D 视窗中的板片位置重置 3D 视窗中的板片位置。

②选择 3D 视窗左上角"▣（显示虚拟模特）"中的"✳（显示安排点）"，打开虚拟模特安排点。

③按键盘数字键"2"，显示虚拟模特正面视图，运用 3D 视窗工具栏中"➕（选择／移动）"工具将宽腿裤左、右前片及裆部插片放置在对应安排位置；将腰头板片放置在人体腰部，在右侧属性编辑器中调整间距。

④按键盘数字键"8"，显示虚拟模特背面视图，运用 3D 视窗工具栏中"➕（选择／移动）"工具将宽腿裤左、右后片放置在对应安排位置。

⑤选择 3D 视窗左上角"▣（显示虚拟模特）"中的"✳（显示安排点）"，隐藏安排点，完成宽腿裤板片的 3D 安排。

⑥运用 3D 视窗工具栏中"➕（选择／移动）"工具，选择宽腿裤板片，通过定位球调整各板片至合适位置。

（4）板片缝合设置：

①选择 2D 视窗工具栏中"▪▪（线缝纫）"工具，将左、右前片在前中缝合；将左、右后片在后中缝合；将前、后片在侧缝、内缝对应缝合；将裆部插片分别与前、后

片对应位置缝合；将腰头后中对应缝合。

②选择 2D 视窗工具栏中"▨（自由缝纫）"工具，鼠标左键单击腰头板片前中点，沿腰线移动至侧缝点单击选中半边腰线；按住"Shift"键，在左前片前中点单击，沿腰线移动侧缝点单击；再单击左后片侧缝点，沿腰线移动至后中点单击，松开"Shift"键，完成左腰头与前、后片的缝合；同样操作完成右腰头与前、后片的缝合。

（5）3D 模拟试穿：

①选择 2D 视窗工具栏中"▨（编辑板片）"工具，左键单击选择腰头上边缘线；在右侧属性编辑器中设置"弹性"，线段长度设置为实际腰围尺寸。

②鼠标单击系统界面右下角"3D"，显示 3D 视窗，选择 3D 视窗工具栏中"▨（选择 / 移动）"工具，按"Ctrl + A"组合键选中所有板片，在选中板片上单击鼠标右键弹出右键菜单，选择"硬化"，将所有板片硬化处理。

③左键单击 3D 视窗工具栏中"▨（模拟）"工具，或按下空格键，打开模拟界面，宽腿裤根据缝合关系进行模拟试穿，完成基本试穿效果，如图 6-1-52 所示。

④选择 3D 视窗工具栏中"▨（选择 / 移动）"工具，按"Ctrl + A"组合键选中所有板片，在选中板片上单击鼠标右键弹出右键菜单，选择"解除硬化"，完成解除。

⑤在图库窗口双击"Avatar"打开模特库，双击"Female_V1"打开第一组女性模特界面，在"Shoes"中选择白色运动鞋。双击打开"Pose"，再双击打开"Flat_on_Floor"，选择双手臂侧张开 Pose 进行 3D 试穿。

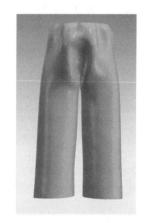

图 6-1-52 宽腿裤
硬化试穿

（6）面辅料设置：

①在图库窗口双击"Fabric"打开面料库，选中面料库中"Polyester_Taffeta"面料，左键双击添加到物体窗口。

②按"Ctrl + A"组合键全选板片，右侧物体窗口中，在"Polyester_Taffeta"条目上点击"应用于选择的板片上"按钮，设置宽腿裤的面料属性为"Polyester_Taffeta"。在右侧属性编辑器中设置颜色为"黑色"。

③在右侧物体窗口选中"Polyester_Taffeta"条目，单击"复制"，复制一条"Polyester_Taffeta Copy1"条目，在条目上单击右键，选择"重命名"，填入"腰头"。在属性编辑器中，颜色设置为"Baltic Sea"；选择 2D 视窗工具栏中"▨（调

整板片）"工具，选中腰头板片，将其面料属性设置为
"腰头"。

④左键单击 3D 视窗工具栏中"（模拟）"工具，
或按下空格键，打开模拟界面，宽腿裤模拟图如图 6-1-53
所示。

⑤通过菜单"文件→保存项目文件"，保存宽腿裤项目
文件"宽腿裤 .Zprj"。

（三）蟳埔服饰（大裾衫与宽腿裤组合）3D 试衣

1. 项目文件预处理

（1）打开 CLO 3D 软件系统，通过菜单"文件→打

图 6-1-53　宽腿裤 3D 模拟

开→项目"，打开宽腿裤项目文件"宽腿裤 .Zprj"。

（2）通过菜单"文件→添加 / 服装"，将大裾衫的服装文件"大裾衫 .zpac"添加至
工作区。在"增加服装"选项中，加载类型为"增加"、移动为"0"。

（3）在 2D 视窗中，用"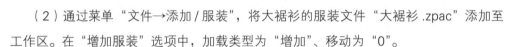（调整板片）"工具选中大裾衫板片，向上拖动到宽腿
裤板片上方，确保板片间不要重叠。

2. 蟳埔服饰 3D 试衣

（1）在 2D 视窗中，用"（调整板片）"工具选中大裾衫板片，在右侧属性编辑
器中，模拟属性中的层设置为"1"，此时大裾衫变为荧光绿色。

（2）左键单击 3D 视窗工具栏中"（模拟）"工具，或按下空格键，打开模
拟界面，大裾衫和宽腿裤将根据缝合关系、层次安排进行模拟试穿，大裾衫将位于
外层。

（3）用"（调整板片）"工具选中大裾衫板片，在右侧属性编辑器中，模拟属
性中的层设置为"0"，大裾衫变回正常色。

（4）在图库窗口双击"Avatar"打开模特库，双击"Female_V1"打开第一组女
性模特界面，双击"Pose"打开模特姿态库，再双击打开"Flat_on_Floor"，选择相应
Pose 进行 3D 试穿，效果以服装悬垂、无抖动为宜。

（5）选择 3D 视窗工具栏中"（提高服装品质）"工具，打开高品质属性编辑
器，将服装粒子间距调整为"5"，打开模拟界面，完成蟳埔服饰高品质模拟。

（6）选择菜单"文件→快照→ 3D 视窗"，输出多角度视图；蟳埔服饰正、背面模
拟图如图 6-1-54、图 6-1-55 所示。

图 6-1-54　蟳埔服饰正面模拟　　图 6-1-55　蟳埔服饰背面模拟

第二节 〉 时尚流行服饰 CAD 应用

通过三个应用案例，即男士牛仔裤 2D 制板与 3D 试衣、连帽运动服 2D 制板与 3D 试衣、女士晚礼服 2D 制板与 3D 试衣，讲解时尚流行服饰的 CAD 应用。

一、男士牛仔裤 2D 制板与 3D 试衣

追溯牛仔裤的历史，其发展变迁已有上百年了。牛仔裤经历了百年风雨的洗礼，一直长盛不衰，其中 Levi's 经典的五袋款牛仔裤至今仍是时尚潮流单品。因为牛仔服装老少皆宜，有很强的通用性，它长期成为国内外服装消费者所青睐的服饰产品之一。

本例是一款典型的 H 型男士牛仔裤，款式结构如图 6-2-1 所示。前裤片设置有弧形插袋，前门襟绱拉链钉金属纽扣；后裤片有育克分割线，并且设置两个贴袋，其相关部位规格尺寸如表 6-2-1 所示。

图 6-2-1　男士牛仔裤款式图

表 6-2-1　男士牛仔裤主要部位规格尺寸（号型：170/74A）　　单位：cm

部位	腰围	臀围	裤长	立裆深	裤口宽	腰宽
尺寸	76	94	103	25	23	3.5

（一）男士牛仔裤 2D 制板

（1）用"![智能笔]（智能笔）"工具画竖直线取值为"裤长 – 腰头宽"，在腰围线处画一条水平线；从腰围线水平向下取值"立裆深"画出横裆线；选择"![等份规]（等份规）"工具将立裆深三等分，在靠下的 1/3 处水平画臀围线，将下裆长二等分，在二等分点向上"4cm"处水平画中裆线；用"![智能笔]（智能笔）"工具分别画出前、后裤片臀围宽，取值为"臀围 /4 – 1cm"和"臀围 /4 + 1cm"（图 6-2-2）。

（2）用"![点]（点）"工具取前裆宽"臀围 /20 – 0.5cm"，用"![等份规]（等份规）"工具将前片横裆二等分，用"![智能笔]（智能笔）"工具画出前裤中线，从后裤片外侧缝辅助线向后中取"臀围 /5 – 1.5cm"画出后裤中线；用"![等份规]（等份规）"工具将后裤中线与后中辅助线二等分，从二等分点竖直向上取"2.7cm"，然后从"2.7cm"到后裤臀围宽点连线并延长至横裆线，横裆线下降"1cm"，取后裆宽"臀围 /10"。

（3）选择"![等份规]（等份规）"工具，按"Shift"键，然后在前裤片裤口中间点单击，下移向两边，弹出的对话框中选择"双向总长"为"裤口宽 – 2cm"，中裆宽取值比裤口一边大"1cm"；用相同的方法取后裤口宽、后中裆宽，如图 6-2-2 所示。

（4）用"![智能笔]（智能笔）"工具连接中裆至裤口两边的点，然后分别画出前、后裤片的内侧缝线，用"![调整]（调整）"工具调整其弧度，保证前、后裤片内侧缝上下圆顺；用同样的方法画出前、后裤片的前、后裆线及外侧缝线，如图 6-2-3 所示。

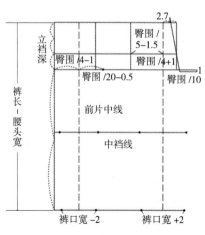

图 6-2-2　牛仔裤结构处理（一）

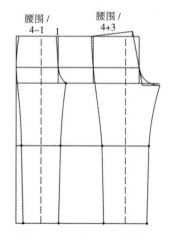

图 6-2-3　牛仔裤结构处理（二）

（5）用"⬚（智能笔）"工具画出腰头、门襟、底襟、口袋布、前垫袋布及贴袋；用"⬚（旋转）"工具将后腰省转移到育克分割线中，结构完成图如图 6-2-4 所示。

（6）用"剪断线⬚"工具和"移动⬚"工具将各裁片分离，完成男士牛仔裤裁片分解。

（7）用"⬚（剪刀）"工具将各裁片裁剪为纸样裁片，用"⬚（布纹线）"工具调整各裁片布纹方向，完成男士牛仔裤的 2D 制板，如图 6-2-5 所示。

（8）通过菜单"文档→输出 ASTM 文件"输出另存为"男士牛仔裤 .dxf"格式文件，以方便与 3D 试衣系统对接。

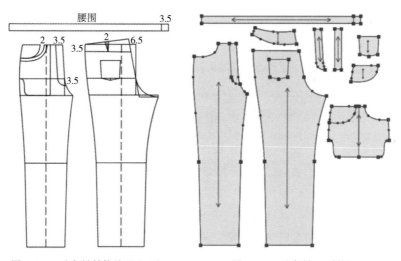

图 6-2-4　牛仔裤结构处理（三）　　　　图 6-2-5　牛仔裤 2D 制板

（二）男士牛仔裤 3D 试衣

1. 人体模特与 2D 板片导入

（1）打开 CLO 3D 软件系，在图库窗口双击"Avatar"打开模特库，双击"Male_V1"打开一个男性模特界面，双击选择导入该男性模特。通过菜单"虚拟模特→虚拟模特编辑器"打开虚拟模特编辑器，按照国标 170/74A 号型对应的男体规格尺寸对模特主要部位尺寸进行调整，使其符合男士牛仔裤的试衣要求。

（2）通过菜单"文件→导入→ DXF(AAMA/ASTM)"导入男士牛仔裤制板文件（男士牛仔裤 .dxf），在选项中选择"打开""板片自动排列""优化所有曲线点"。

2. 2D 视窗板片处理

（1）鼠标单击系统界面右下角"2D"，显示"2D 视窗"，根据 2D 视窗中人体模特剪影，重新安排男士牛仔裤的 2D 板片位置。

（2）选择 2D 视窗工具栏中"▰◢（调整板片）"工具，左键单击选中的前裤片，再单击右键弹出右键菜单，选择"对称板片"，即可得到另一前裤片。用同样的方法将后裤片、后育克、后贴袋、前袋布及前垫袋布等对称补齐。

（3）选择 2D 视窗工具栏中"▰♥（勾勒轮廓）"工具，将左前裤片上的门襟线、后裤片的口袋位置、前大袋布的垫袋布位置线勾勒为内部图形。

（4）选择 2D 视窗工具栏中"▰♥（勾勒轮廓）"工具，左键单击选中前袋布中线，然后单击右键弹出右键菜单，选择"切断"。

3. 3D 视窗板片安排

（1）鼠标单击系统界面右下角"3D"，显示 3D 视窗，左键单击 3D 视窗工具栏中"▦ [重置 2D 安排位置（全部）]"，按照 2D 视窗中的板片位置重置 3D 视窗中的板片位置。

（2）选择 3D 视窗左上角"▰👤（显示虚拟模特）"中的"▰✴（显示安排点）"，打开虚拟模特安排点。

（3）按键盘数字键"2"，显示虚拟模特正面视图，运用 3D 视窗工具栏中"▰✛（选择 / 移动）"工具依次选择前裤片、前袋布、前垫袋布等板片，运用定位球将其放置在对应位置。

（4）按键盘数字键"8"，显示虚拟模特背面视图，运用 3D 视窗工具栏中"▰✛（选择 / 移动）"工具依次选择后裤片、后育克、后贴袋及腰头，运用定位球将其放置在对应安排位置。

（5）选择 3D 视窗左上角"▰👤（显示虚拟模特）"中的"▰✴（显示安排点）"，隐藏安排点，完成男士牛仔裤的 3D 安排。

（6）选择 3D 视窗工具栏中"▰✛（选择 / 移动）"工具，选择男士牛仔裤板片，通过定位球调整各板片至合适位置，注意将口袋布与裤片放置前后次序。

（7）选择 3D 视窗工具栏中的"▰⚫（纽扣）"工具、"▰▬（扣眼）"工具分别在腰头右、左端进去 1.5cm 处添加纽扣和扣眼。

4. 板片缝合设置

（1）板片基础部位的缝合：

①选择 2D 视窗工具栏中的"▰👖（自由缝纫）"工具，将前、后裤片内侧缝缝合；用同样方法将后裤片与后育克缝合。

②选择 2D 视窗工具栏中的"[图]（M∶N 自由缝纫）"工具，将前、后裤片外侧缝缝合。

③选择 2D 视窗工具栏中的"[图]（自由缝纫）"工具，将前大、小袋布缝合；将前垫袋布与前大袋布缝合；将前小袋布与前裤片缝合；将后贴袋缝合到后裤片上；将前裆线与前裆线缝合、后裆线与后裆线缝合。

（2）腰头部位的缝合：

腰头与裤体的缝合属于 M∶N 缝合。选择 2D 视窗工具栏中的"[图]（M∶N 自由缝纫）"工具，将腰头与前、后裤片缝合起来，注意对应的顺序，如图 6-2-6 所示。

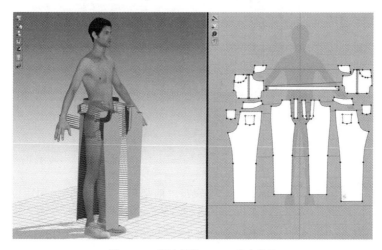

图 6-2-6　腰头部位 M∶N 缝合设置

最后，通过 3D 视窗查看男士牛仔裤各板片的缝合设置，检查是否出现漏缝、错缝、缝纫交叉等问题，并及时纠正。

5. 3D 模拟试穿

（1）鼠标单击系统界面右下角"3D"，显示 3D 视窗，选择 3D 视窗工具栏中"[图]（选择 / 移动）"工具，按"Ctrl+A"键选中所有板片，在选中板片上单击鼠标右键弹出右键菜单，选择"硬化"，将所有板片硬化处理。

（2）左键单击 3D 视窗工具栏中"[图]（模拟）"工具，或按下空格键，打开模拟界面，根据缝合关系进行男士牛仔裤模拟试穿，如图 6-2-7 所示。

（3）选择 3D 视窗工具栏中"[图]（选择 / 移动）"工具，按"Ctrl+A"组合键选中所有板片，在选中板片上单击鼠标右键弹出右键菜单，选择"解除硬化"，完成解除。

（4）选择 2D 视窗工具栏中"[图]（自由明线）"工具，在腰头、门襟、口袋、内侧缝、外侧缝等处添加明线。

（5）左键单击 3D 视窗工具栏中"▼（模拟）"工具，完成男士牛仔裤的基本模拟，如图 6-2-8 所示。

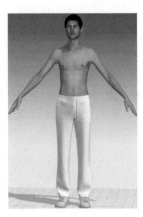

图 6-2-7　牛仔裤硬化模拟　　　图 6-2-8　牛仔裤基本模拟

6. 面辅料设置

（1）在图库窗口双击"Fabric"打开面料库，选中面料库中"Denim_Raw"面料，左键双击添加到物体窗口。

（2）按"Ctrl+A"组合键全选板片，右侧物体窗口中，在"Denim_Raw"条目上点击"应用于选择的板片上"按钮，设置男士牛仔裤的面料属性为"Denim_Raw"。

（3）选择 3D 视窗工具栏中"▨（编辑纹理）"工具，在右侧物体窗口中单击"Denim_Raw"条目，在 3D 视窗右上角调整阀中调整纹理至合适大小。

（4）选择 3D 视窗工具栏中的"◉（纽扣）"工具，在属性编辑器中设置纽扣的形状及颜色。

7. 成衣展示

（1）选择 3D 视窗工具栏中"▨（提高服装品质）"工具，打开高品质属性编辑器，将服装粒子间距调整为"5"，打开模拟，完成男士牛仔裤高品质模拟。

（2）选择菜单"文件→快照→3D 视窗"，输出多角度视图；男士牛仔裤正、背面模拟图分别如图 6-2-9、图 6-2-10 所示。

图 6-2-9　牛仔裤
正面模拟

图 6-2-10　牛仔裤
背面模拟

二、连帽运动服 2D 制板与 3D 试衣

随着人民生活水平的提高和全民健身运动的普及，运动服饰消费和产业得到空前发展。运动服饰按用途可分为休闲运动服饰、业余运动服饰和专业运动服饰三大类。

本例是一款休闲运动服，款式结构如图 6-2-11 所示。采用连帽设计，短衣身、插肩袖，其主要部位规格尺寸如表 6-2-2 所示。

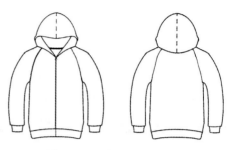

图 6-2-11　连帽运动服款式图

表 6-2-2　连帽运动服主要部位规格尺寸（号型：170/88A）　　　单位：cm

部位	胸围	领围	肩宽	衣长	袖长	袖口
尺寸	118	50	50	65	60	25

（一）连帽运动服 2D 制板

（1）用"▨（智能笔）"工具画竖直线取值"衣长"，水平线取值"胸围 /4"，前胸宽取值为"1.5 胸围 /10+4.5cm"，后背宽取值为"1.5 胸围 /10+5.5cm"，前领宽取值为"领围 /5-0.7cm"，前领深取值为"领围 /5-1cm"，后领宽取值为"领围 /5-0.5cm"，后领高取值为"2.8cm"，参照图 6-2-12、图 6-2-13 所示完成前、后片基本结构制板。

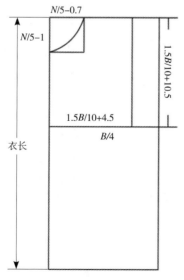

图 6-2-12　运动服结构处理（一）

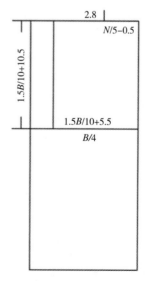

图 6-2-13　运动服结构处理（二）

（2）用"💬（等份规）"工具将后领宽三等分，用"✏️（智能笔）"工具分别连接前中点与前侧颈点、后中点与后侧颈点，再用"🖱️（调整）"工具分别调整前、后领围弧线，后领围弧线水平相切于后领宽 1/3 处（图 6-2-14）。

（3）用"✏️（智能笔）"工具放到前、后侧颈点所在的水平线上，向下拖出平行线，取前、后落肩值分别为"胸围 /40+2.35cm、胸围 /40+1.85cm"。用"🅰️（圆规）"工具单击后中点为基准点，在后落肩线上任意点处单击左键，在弹出"单圆规"中输入"肩宽 /2"确定后肩点，用"✏️（智能笔）"工具连接后侧颈点与后肩点。用"🔧（比较长度）"工具测量后肩线长度，用"🅰️（圆规）"工具先单击前侧颈点，然后在前落肩线上任意一点单击左键，在弹出"单圆规"中输入"后肩线长 -0.7cm"确定前肩点（图 6-2-14）。

（4）用"💬（等份规）"工具将前、后肩点到袖窿深线的距离分别二等分。用"✏️（智能笔）"工具取前、后角平分线"3cm"。用"✏️（智能笔）"工具依次连接前肩点、二等分点、角平分线点、前袖窿深点，画出前袖窿弧线，用"🖱️（调整）"工具适当调整前袖窿弧线，用同样的方法完成后袖窿弧线（图 6-2-14）。

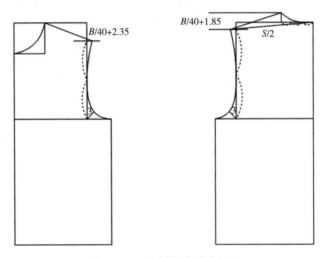

图 6-2-14　运动服结构处理（三）

（5）用"🔧（比较长度）"工具测量前、后袖窿长度和并记作"AH"；用"✏️（智能笔）"工具从前肩点向下做 45° 斜线作为袖中线，长度取"袖长 -5cm"；在袖中线上取袖山高"AH/3"，用"🔪（角度线）"工具作袖中线的垂线。用"💬（等份规）"工具将前肩点至袖窿深线距离三等分，在靠下的 1/3 处画水平"1cm"的线，用"✏️（智能笔）"工具从前领口"4cm"处至"1cm"水平线处连直线，并用"🖱️（调整）"

工具调整成弧线；用"🖊️（智能笔）"工具从"1cm"水平线处连到前袖窿深点处并将其调整成弧线，用"📏（比较长度）"工具测量该弧线的长度，记作"*M*"，用"📐（圆规）"工具从"1cm"水平线处向袖中线的垂线作斜线，长度取"*M*"，并调整成弧线。后片的处理方法与前片相同，如图 6-2-15、图 6-2-16 所示。

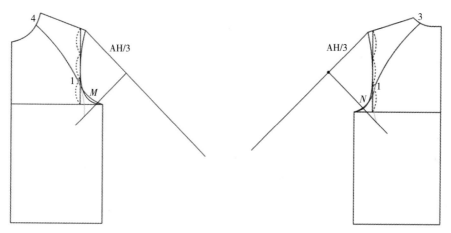

图 6-2-15　运动服结构处理（四）　　　　图 6-2-16　运动服结构处理（五）

（6）在前袖口处用"✂️（角度线）"工具作垂直于袖中线的"12cm"长前袖口线；用"🖊️（智能笔）"工具连接前袖侧缝。后片的处理方法与前片相同。

（7）用"🖊️（智能笔）"工具从前、后侧颈点连接到袖口，用"🔺（调整）"工具调整袖中线和袖侧缝弧度，然后画出罗纹袖口和底摆，如图 6-2-17 所示。

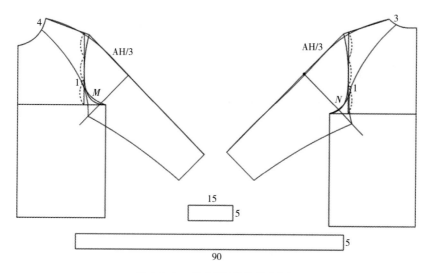

图 6-2-17　运动服结构处理（六）

（8）用"▢（矩形）"工具画长"35cm"、宽"30cm"的长方形，然后用"✎（智能笔）"工具在长方形下边单击，左键拖拉平行线"3cm"。在长方形下边取后领围长，用"А（圆规）"工具取前领围长；用"✎（智能笔）"工具画出帽子的轮廓线，并用"▸（调整）"工具调整其弧度，如图 6-2-18 所示。

（9）用"✂（剪断线）"工具和"🔲（移动）"工具将各裁片分离。

（10）用"✂（剪刀）"工具将各裁片裁剪为纸样裁片，用"🧷（纸样对称）"工具将后衣片对称完整，

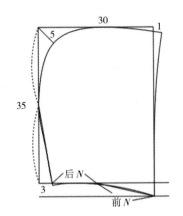

图 6-2-18　连帽结构处理

用"🟫布纹线"工具调整各裁片布纹方向，完成连帽运动服的 2D 制板，如图 6-2-19 所示。

（11）通过菜单"文档→输出 ASTM 文件"输出另存为"连帽运动服.dxf"格式文件，方便与 3D 试衣系统对接。

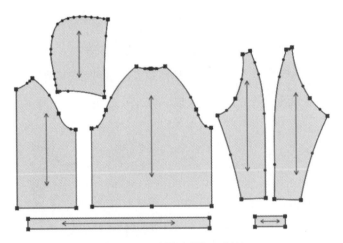

图 6-2-19　连帽运动服 2D 制板

（二）连帽运动服 3D 试衣

1. 人体模特与 2D 板片导入

（1）打开 CLO 3D 软件，在图库窗口双击"Avatar"打开模特库，双击"Male_V1"打开一个男性模特界面，双击选择导入该男性模特。通过菜单"虚拟模特→虚拟模特编辑器"打开虚拟模特编辑器，按照国标 170/88A 号型对应的男体规格尺寸对模特主

要部位尺寸进行调整，使其符合连帽运动服试衣的需要。

（2）通过菜单"文件→导入→ DXF(AAMA/ASTM)"导入连帽运动服文件（连帽运动服 .dxf），在选项中选择"打开""板片自动排列""优化所有曲线点"。

2. 2D 视窗板片处理

（1）鼠标单击系统界面右下角"2D"，显示"2D 视窗"，根据 2D 视窗中人体模特剪影，重新安排连帽运动服的 2D 板片位置。

（2）选择 2D 视窗工具栏中"◣◢（调整板片）"工具，左键单击选中前片，然后单击右键弹出右键菜单，选择"对称板片"，即可得到另一前片。用同样的方法将前袖、后袖、袖口罗纹及帽子对称补齐。

3. 3D 视窗板片安排

（1）鼠标单击系统界面右下角"3D"，显示 3D 视窗，左键单击 3D 视窗工具栏中"▦ [重置 2D 安排位置（全部）]"，按照 2D 视窗中的板片位置重置 3D 视窗中的板片位置，如图 6-2-20 所示。

图 6-2-20 3D 视窗中 2D 板片位置

（2）按键盘数字键"2"，显示虚拟模特正面视图，运用 3D 视窗工具栏中"✛（选择 / 移动）"工具依次选择前片、帽子、前袖片、袖口罗纹等板片，运用定位球将其放置在对应位置。

（3）按键盘数字键"8"，显示虚拟模特背面视图，运用 3D 视窗工具栏中"✛（选择 / 移动）"工具依次选择后片、后袖片、底摆罗纹，运用定位球将其放置在对应位置。

（4）选择 3D 视窗左上角"👤（显示虚拟模特）"中的"✸（显示安排点）"，打开虚拟模特安排点，将帽子、袖子、罗纹袖口板片放置在对应安排点。

（5）选择 3D 视窗左上角"👤（显示虚拟模特）"中的"✸（显示安排点）"，隐藏安排点，完成连帽运动服的 3D 安排。

（6）运用 3D 视窗工具栏中"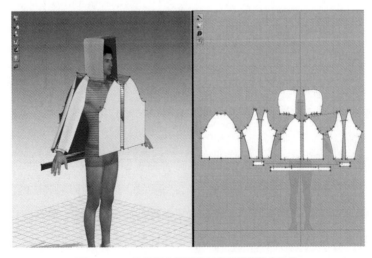（选择 / 移动）"工具，选择连帽运动服板片，通过定位球调整各板片至合适位置。

4. 板片缝合设置

（1）板片基础部位的缝合：

①选择 2D 视窗工具栏中的"■（线缝纫）"工具，将前、后片侧缝缝合；将前、后袖片的袖侧缝、袖中缝缝合。

②选择 2D 视窗工具栏中的"■（自由缝纫）"工具，将罗纹底摆缝合到前、后衣身上。

（2）衣袖部位缝合：

①选择 2D 视窗工具栏中的"■（自由缝纫）"工具，将前袖片弧线与前衣身弧线缝合；将后袖片弧线与后衣身弧线缝合。

②选择 2D 视窗工具栏中"■（自由缝纫）"工具，将罗纹袖口与袖片缝合。

（3）帽子缝合：

①选择 2D 视窗工具栏中的"■（线缝纫）"工具，将帽子的侧缝缝合。

②选择 2D 视窗工具栏中的"■（M：N 自由缝纫）"工具将帽子与衣身缝合，如图 6-2-21 所示。

最后，通过 3D 视窗查看连帽运动服板片的缝合设置，检查是否出现漏缝、错缝、缝纫交叉等问题，并及时纠正。

图 6-2-21　连帽运动服帽子与衣身板片缝合设置

5. 3D 模拟试穿

（1）鼠标单击系统界面右下角"3D"，显示 3D 视窗，选择 3D 视窗工具栏中" ![icon] （选择/移动）"工具，按"Ctrl+A"组合键选中所有板片，在选中板片上单击鼠标右键弹出右键菜单，选择"硬化"，将所有板片硬化处理。

（2）左键单击 3D 视窗工具栏中" ![icon] （模拟）"工具，或按下空格键，打开模拟界面，连帽运动服根据缝合关系进行模拟试穿，完成硬化试穿效果，如图 6-2-22 所示。

（3）选择 3D 视窗工具栏中" ![icon] （选择/移动）"工具，按"Ctrl+A"组合键选中所有板片，在选中板片上单击鼠标右键弹出右键菜单，选择"解除硬化"，解除完成。

（4）选择 3D 视窗工具栏中" ![icon] （拉链）"工具，在前片一侧开口处上端点单击，移动到下端点处双击，然后在前片另一侧开口处上端点单击，再移动到下端点双击，完成拉链添加。

（5）左键单击 3D 视窗工具栏中" ![icon] （模拟）"工具，完成连帽运动服的 3D 试衣模拟，如图 6-2-23 所示。

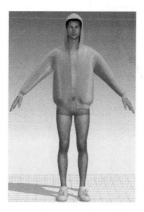

图 6-2-22　连帽运动服　　　　　图 6-2-23　连帽运动服
　　　硬化模拟　　　　　　　　　　　基本试穿模拟

6. 面辅料设置

（1）在图库窗口双击"Fabric"打开面料库，选中面料库中"Knit_Fleece_Terry"面料，左键双击添加到物体窗口。

（2）按"Ctrl+A"组合键全选板片，右侧物体窗口中，在"Knit_Fleece_Terry"条目上点击"应用于选择的板片上"按钮，设置连帽运动服的面料属性为"Knit_Fleece_Terry"，在右侧属性编辑器中设置颜色为"蓝灰色"。

（3）选择 3D 视窗工具栏中" ![icon] （编辑纹理）"工具，在右侧物体窗口中单击

"Knit_Fleece_Terry" 条目，在 3D 视窗右上角调整阀中调整纹理至合适大小。

7. 成衣展示

（1）选择 3D 视窗工具栏中 "![img](提高服装品质）" 工具，打开高品质属性编辑器，将服装粒子间距调整为 "5"，打开模拟，完成连帽运动服高品质模拟。

（2）选择菜单 "文件→快照→ 3D 视窗"，输出多角度视图；连帽运动服正、背面模拟图分别如图 6-2-24 、图 6-2-25 所示。

图 6-2-24　连帽运动服正面模拟　　　　图 6-2-25　连帽运动服背面模拟

8. 旋转视频录制

（1）选择菜单 "文件→视频抓取→旋转录制"，打开 "3D 服装旋转录像" 对话框。

（2）根据输出精度要求对视频尺寸进行自定义设置，宽度设置为 "1080" 像素，高度设置为 "1920" 像素；在选项中，将方向设置为 "逆时针方向"、持续时间设置为 "10.0" 秒，如图 6-2-26 所示。

（3）点击 "录制" 按钮，开始旋转视频录制，录制过程中可通过鼠标滚轮进行镜头远近调整；录制结束后，在弹出的 "3D 服装旋转录像" 窗口中点击 "保存" 如图 6-2-27 所示。

图 6-2-26　旋转视频录制设置　　　　图 6-2-27　旋转视频输出

三、女士晚礼服 2D 制板与 3D 试衣

晚礼服也称夜礼服、晚宴服、舞会服，一般指晚上六点以后，在正式的聚会、仪式、典礼等社交场合穿着的礼仪服装。晚礼服形制起源于欧洲，在 19 世纪中期的维多利亚时期，从日礼服中独立出来，形成特有的服装形制。

本款晚礼服如图 6-2-28 所示，无领、短袖，领口开得较宽、较深，不规则的下摆，腰部和袖口部位设有抽褶。其主要结构部位尺寸如表 6-2-3 所示。

图 6-2-28　女士晚礼服款式图

表 6-2-3　女士晚礼服主要部位规格尺寸（号型：160/84A）　　单位：cm

部位	胸围	腰围	肩宽	后中长	袖长	袖口
尺寸	96	72	38	125	11.5	20

（一）女士晚礼服 2D 制板

1. 女装原型导入

打开富怡服装 CAD 系统 V8.0 设计与放码系统（RP-DGS），通过菜单"文档→打开"或快捷工具栏"（打开）"工具，打开女装上衣原型文件；通过菜单"号型→号型编辑"打开号型规格表，对照表 6-2-3 规格尺寸编辑晚礼服尺寸。

2. 晚礼服 2D 制板

（1）用"（转省）"工具将后肩省量转一半至后袖窿上，用"（智能笔）"工具重新修正后肩线与后袖窿弧线（图 6-2-29）。

（2）用"（智能笔）"工具将原型前、后片侧缝在腰围处各收进 1.5cm；将前片胸省量的一半修到前袖窿弧线中；用"（转省）"工具将前片胸省量的另一半转移至前侧缝向下 6cm 处，如图 6-2-29 所示。

（3）用"（对称）"工具将前、后片沿中线对称完整；用"（智能笔）"工具绘制前、后片裙长，然后将前、后片的裙摆画出，如图 6-2-30 所示。

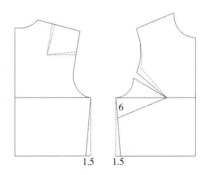

图 6-2-29　晚礼服结构处理（一）

（4）用"✏（智能笔）"工具将前、后片领口修宽、修深；画出前衣片腰部的两个褶；画出后衣片上的两个省；在前、后领围处画出前、后领贴边；在前、后衣身上分别画出前、后袖片，如图 6-2-31 所示。

（5）用"✂（剪断线）"工具和"⊟（移动）"工具将各裁片分离。

（6）用"✂（剪刀）"工具将各裁片裁剪为纸样裁片，用"✂（纸样对称）"工具将后衣片对称完整，用"✂（布纹线）"工具调整各裁片布纹方向，完成女士晚礼服 2D 制板，如图 6-2-32 所示。

（7）通过菜单"文档→输出 ASTM 文件"输出另存为"女士晚礼服 .dxf"格式文件，方便与 3D 试衣系统对接。

（二）女士晚礼服 3D 试衣

1. 人体模特与 2D 板片导入

（1）打开 CLO 3D 软件系，在图库窗口双击"Avatar"打开模特库，双击"Female_V1"打开一个女性模特界面，双击选择导入该女性模特。通过菜单"虚拟模特→虚拟模特编辑器"打开虚拟模特编辑器，按照国标 160/84A 号型对应的女体规格尺寸对模特主要部位尺寸进行调整，使其符合女士晚礼服试衣的需要。

（2）通过菜单"文件→导入→DXF (AAMA/ASTM)"导入女士晚礼服文件（女士晚礼服 .dxf），在选项中选择"打开""板片自动排列""优化所有曲线点"。

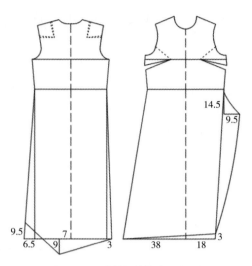

图 6-2-30　晚礼服结构处理（二）

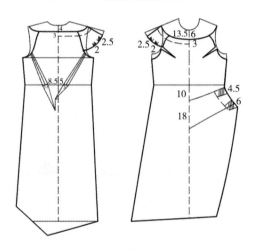

图 6-2-31　晚礼服结构处理（三）

图 6-2-32　晚礼服 2D 制板

2. 2D 视窗板片处理

（1）鼠标单击系统界面右下角"2D"，显示"2D 视窗"，根据 2D 视窗中人体模特剪影，重新安排女士晚礼服的 2D 板片位置。

（2）选择 2D 视窗工具栏中" ▲（调整板片）"工具，左键单击选中袖片，然后单击右键弹出右键菜单，选择"对称板片"，对称复制另一袖片。

3. 3D 视窗板片安排

（1）鼠标单击系统界面右下角"3D"，显示 3D 视窗，左键单击 3D 视窗工具栏中" ▦ [重置 2D 安排位置（全部）]"，按照 2D 视窗中的板片位置重置 3D 视窗中的板片位置，如图 6-2-33 所示。

（2）按键盘数字键"2"，显示虚拟模特正面视图，运用 3D 视窗工具栏中" ✛（选择 / 移动）"工具依次选择前片、前领等板片，运用定位球将其放置在对应位置（图 6-2-34）。

（3）按键盘数字键"8"，显示虚拟模特背面视图，运用 3D 视窗工具栏中" ✛（选择 / 移动）"工具依次选择后片、后领贴，运用定位球将其放置在对应位置。

（4）选择 3D 视窗左上角" 👤（显示虚拟模特）"中的" ✳（显示安排点）"，打开虚拟模特安排点，将前、后领贴边、袖子板片放置在对应安排点，如图 6-2-34 所示。

图 6-2-33　3D 视窗中 2D 板片位置　　　图 6-2-34　3D 板片安排

4. 省和褶的处理

（1）选择 2D 视窗工具栏中" ▦（内部多边形 / 线）"工具，依次单击省的一边点—省尖点—省的另一边点，按"Enter"键，然后选择调整板片工具单击该省道，单击右键在弹出的菜单中选择"切断"（图 6-2-35），然后选中切下来的省道按"Delete"

键删除，如图 6-2-36 所示。用相同的方法处理其他省道。

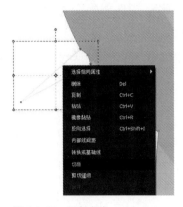

图 6-2-35   切断省线

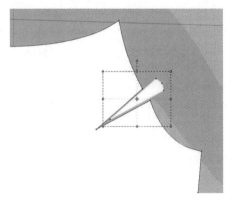

图 6-2-36   删除省

（2）选择 2D 视窗工具栏中"（勾勒轮廓）"工具，左键单击选中褶的两边及中线（按下"Shift"键加选），单击右键选择"勾勒为内部图形"；其他褶的处理方法相同。

（3）选择 2D 视窗工具栏中"◢（调整板片）"工具，选中褶的中线，在右侧的属性编辑中设置折叠角度为"360"，选中褶的两边线，设置折叠角度为"0"；其他褶的处理方法相同。

5. 板片缝合设置

（1）选择 2D 视窗工具栏中"（自由缝纫）"工具将各个省、褶的两边对应缝合；将女士晚礼服前、后板片的右侧缝缝合，如图 6-2-37 所示。

（2）选择 2D 视窗工具栏中"（M：N 自由缝纫）"工具，将女士晚礼服前、后板片的左侧缝缝合，如图 6-2-38 所示。

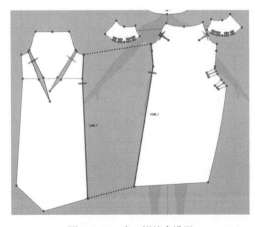

图 6-2-37   省、褶缝合设置

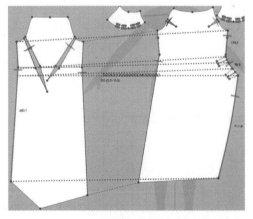

图 6-2-38   侧缝 M：N 缝合设置

（3）选择2D视窗工具栏中"▓▓（自由缝纫）"工具，将袖子板片与衣身板片进行缝合，如图6-2-39所示。

（4）选择2D视窗工具栏中"▓▓（M：N自由缝纫）"工具，将前、后领对应与衣身对应缝合，如图6-2-40所示。

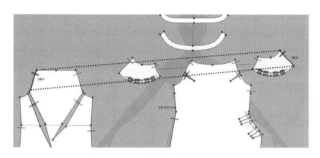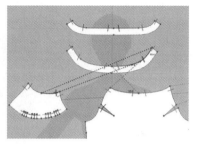

图6-2-39　衣袖与衣身缝合设置　　　　　　　图6-2-40　衣领与衣身缝合设置

6.3D模拟试穿

（1）鼠标单击系统界面右下角"3D"，显示3D视窗，选择3D视窗工具栏中"▶＋（选择/移动）"工具，按"Ctrl+A"组合键选中所有板片，在选中板片上单击鼠标右键弹出右键菜单，选择"硬化"，将所有板片硬化处理。

（2）左键单击3D视窗工具栏中"▼（模拟）"工具，或按下空格键，打开模拟界面，女士晚礼服根据缝合关系进行模拟试穿，完成硬化试穿效果。

（3）选择3D视窗工具栏中"▶＋（选择/移动）"工具，按"Ctrl+A"组合键选中所有板片，在选中板片上单击鼠标右键弹出右键菜单，选择"解除硬化"，完成解除。

（4）左键单击3D视窗工具栏中"▼（模拟）"工具，或按下空格键，完成女士晚礼服的3D模拟。

7.面辅料设置

（1）在图库窗口双击"Fabric"打开面料库，选中面料库中"Silk_Charmeuse"面料，左键双击添加到物体窗口。

（2）按"Ctrl+A"组合键全选板片，右侧物体窗口中，在"Silk_Charmeuse"条目上点击"应用于选择的板片上"按钮，设置女士晚礼服的面料属性为"Silk_Charmeuse"。在右侧属性编辑器中设置颜色为"豆沙红色"。

（3）选择3D视窗工具栏中"▓▓（编辑纹理）"工具，在右侧物体窗口中单击"Silk_Charmeuse"条目，在3D视窗右上角调整阀中调整纹理至合适大小。

8. 成衣展示

（1）选择 3D 视窗工具栏中 "（提高服装品质）" 工具，打开高品质属性编辑器，将服装粒子间距调整为 "5"，打开模拟界面，完成女士晚礼服高品质模拟。

（2）选择菜单 "文件→快照→3D 视窗"，输出多角度视图；女士晚礼服正、背面模拟图如图 6-2-41、图 6-2-42 所示。

图 6-2-41　女士晚
礼服正面模拟　　　　图 6-2-42　女士晚
礼服背面模拟

参考文献

［1］刘瑞璞. 女装纸样设计原理与应用［M］. 北京：中国纺织出版社，2017.

［2］刘瑞璞. 男装纸样设计原理与应用［M］. 北京：中国纺织出版社，2017.

［3］张文斌. 服装结构设计［M］. 2 版. 北京：中国纺织出版社有限公司，2021.

［4］朱广舟. 服装细部件结构设计与纸样［M］. 上海：东华大学出版社，2014.

［5］张辉. 服装 CAD 应用教程［M］. 北京：中国纺织出版社有限公司，2020.

［6］王舒. 3D 服装设计与应用［M］. 北京：中国纺织出版社有限公司，2019.

［7］朱广舟. 数字化服装设计：三维人体建模与虚拟缝合试衣技术［M］. 北京：中国
  纺织出版社，2014.

［8］凌红莲，朱广舟，叶晓菊. 数字化服装生产管理［M］. 上海：东华大学出版社，
  2014.

［9］范强. T 恤衫设计及其文化意涵［J］. 装饰，2005（9）：126-127.

［10］王建刚，刘运娟，等. 客家服饰与色彩浅析［J］. 东华大学学报（社会科学版），
  2009（1）：22-27.

［11］刘丽莉，靳雄步. 福建民俗文化之妇女服饰研析——以福建"三大渔女"服饰为
  例［J］. 戏剧之家，2015（5）：250-253.

［12］陈芳，吴志明，等. 蟳埔渔女传统服饰形制及其文化内涵研究［J］. 丝绸，2018
  （1）：82-87.

附　录

　　本书的第四章、第五章和第六章主要以设计案例由浅入深地讲解 2D 制板与 3D 试衣的有效结合，附录部分重点展示的是各个设计案例的 3D 模拟效果（附图 1~ 附图 15 ）。

附图 1

附图 2

附图 3

附图 4

附图 5

附图 6

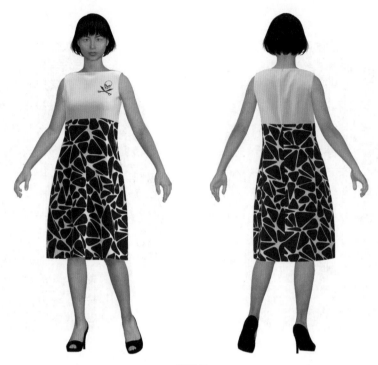

附图 7

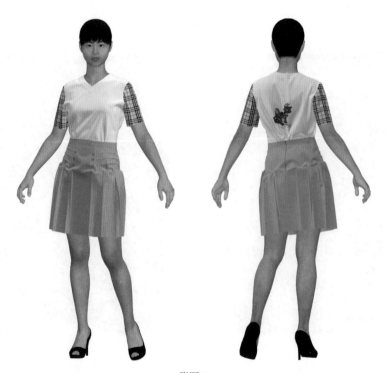

附图 8

附图 9

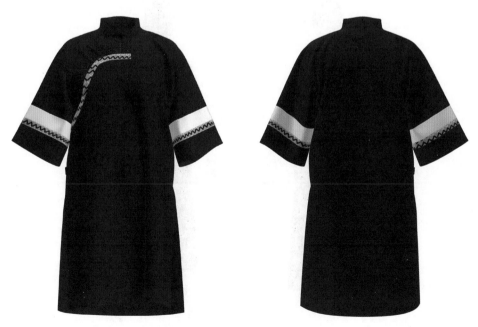

附图 10

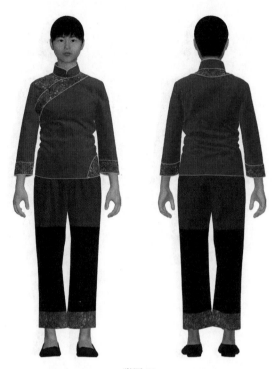

附图 11

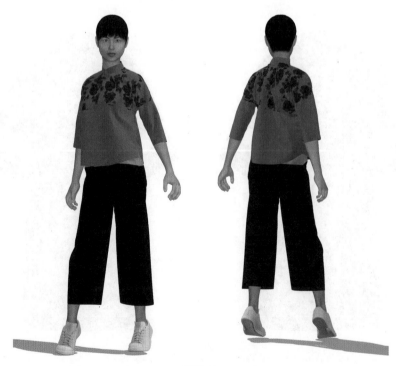

附图 12

附图 13

附图 14

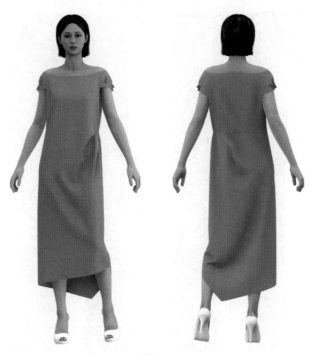

附图 15